Beck-Wirtschaftsberater

Networking

dtv

Beck-Wirtschaftsberater

Networking

Beziehungen und Kontakte nutzen

Von Dr. Dr. Gerald Pilz

Deutscher Taschenbuch Verlag

Im Internet:

dtv.de

beck.de

Originalausgabe
Deutscher Taschenbuch Verlag GmbH & Co. KG,
Friedrichstraße 1a, 80801 München

Druck und Bindung: Druckerei C. H. Beck, Nördlingen
(Adresse der Druckerei: Wilhelmstraße 9, 80801 München)
Satz: ottomedien, Darmstadt
Umschlaggestaltung: Agentur 42 (Fuhr & Partner), Mainz
unter Verwendung eines Fotos von GettyImages
ISBN 978-3-423-50924-4 (dtv)
ISBN 978-3-406-59328-4 (C. H. Beck)

9 783406 593284

Vorwort

Wir sind alle über wenige Umwege mit dem Rest der Welt verbunden, und der Erfolg im Beruf und im Privatleben hängt maßgeblich von der Fähigkeit ab, mehr Kontakte zu knüpfen und die richtigen Beziehungen zu nutzen.

Doch Networking ist noch mehr. Wenn Sie einen Anwalt oder einen Steuerberater suchen, dann sollten Sie Ihr Schicksal nicht dem Zufall überlassen. Und wenn Sie einen Handwerker beauftragen müssen, wollen Sie dann das Risiko eingehen, dass Reparaturen nur unzulänglich ausgeführt werden und Ihr Haus anschließend unter Wasser steht? Würden Sie Ihr Leben jedem Chirurgen anvertrauen?

Es wäre äußerst risikoreich, einen x-beliebigen Experten zu konsultieren. Gute Fachleute finden Sie nur über bereits bestehende Kontakte und Empfehlungen.

Vom richtigen Networking hängt es auch ab, ob Sie im Beruf erfolgreich sind, ob Sie die richtigen Freunde haben, eine Traumehe führen, wie viel Sie verdienen oder ob Sie auch in einer schweren Wirtschaftskrise noch Aufträge erhalten.

Je mehr gute Freunde und Bekannte Sie haben, desto erfolgreicher und glücklicher wird Ihr Leben verlaufen. Networking ist der wichtigste Schlüssel zum Lebenserfolg. Nur mit anderen Menschen können Sie alles erreichen. Ganz gleich, ob Sie eine Führungsposition anstreben oder einen größeren Bekannten- und Freundeskreis in Ihr Leben holen möchten, die Fähigkeit Beziehungen zu knüpfen und aufrechtzuerhalten, ist dafür unerlässlich.

Das Buch stellt ausführlich dar, wie man die eigene Networking-Kompetenz gezielt durch Übungen und Strategien verbessern kann und in welchen Lebensbereichen Networking zum Einsatz kommt. Nicht nur im beruflichen Sektor, sondern auch im privaten und öffentlichen Bereich spielen Kontakte eine entscheidende Rolle. Nutzen Sie dieses Potenzial und fangen Sie noch heute an, neue Menschen kennen zu lernen. Ich wünsche Ihnen viel Erfolg.

Kornwestheim, August 2009 *Gerald Pilz*

Inhaltsverzeichnis

1. Die Vorteile von Netzwerken

Haben Sie sich schon einmal gefragt, warum Ihr Kollege schneller Karriere macht als Sie, obwohl Sie bessere Leistungen bringen und mehr Überstunden machen? Haben Sie schon einmal bemerkt, dass manchen Menschen vieles gelingt, während andere kläglich scheitern? Das Geheimnis dieses Erfolgs sind Netzwerke – oder wie man gerne sagt – das „Vitamin B". Mit Beziehungen können Sie Hindernisse und Schranken überwinden, die auch bei größter Kraftanstrengung allein nicht zu bewältigen wären. Ganz gleich, ob es darum geht, eine neue Karrierestufe zu erklimmen, ein Praktikum zu ergattern oder einen Listenplatz bei einer Partei zu erlangen, immer sind Kontakte maßgeblich. Deshalb hat das Knüpfen von Beziehungen, auf Neudeutsch „Networking" genannt, immer mehr an Bedeutung gewonnen.

Natürlich gibt es viele Menschen, die aus Prinzip ein solches Vorgehen ablehnen und mit Netzwerken Dinge wie „Seilschaften", „Küchenkabinette" und „Klientelwirtschaft" assoziieren. Vielfach wird auch vermutet, dass dadurch das Leistungsprinzip untergraben wird. Aber seien Sie ehrlich: Netzwerke und Beziehungen brauchen wir alle. Wie erfolgreich Sie sind, hängt letztlich davon ab, wen Sie kennen. Nur in wenigen Bereichen werden Sie als Einzelkämpfer oder Einsiedler bestehen können. Sofern Sie nicht vorhaben, in den kanadischen Wäldern von Jagd und Fischfang zu leben und Ihr Leben als Eigenbrötler zu fristen, ist es vielleicht doch sinnvoll, wenn Sie sich Gedanken machen, wie Sie Ihre Kontakte verbessern und die richtigen Menschen erreichen können.

Es ist ein offenes Geheimnis, dass ein Großteil der freien Stellen nicht ausgeschrieben wird. Man schätzt, dass zwei Drittel aller Jobs auf diese Weise besetzt werden. Wie wertvoll Beziehungen sind, können Sie ermessen, wenn Sie bedenken, dass Netzwerke auch jenseits von beruflichen Ambitionen und Karriereplänen äußerst nützlich sind. Stellen Sie sich vor, Sie haben ein Haus gebaut und benötigen einen Dachdecker. Wo finden Sie den besten Dachdecker? Natürlich möchten Sie nicht, dass sich beim nächsten Sturm oder heftigen Regen die ersten Wasserflecken auf dem Dachboden bilden. Doch welcher Dachdecker arbeitet sorgfältig und zuverlässig? Um dies herauszufinden, brauchen Sie Netzwerke. Wenn in Ihrem Freundes- und Bekanntenkreis viele Bauherren sind, können Sie sich bei diesen Rat einholen. Oder Sie kennen jemanden bei der Handwerkskammer oder in einem Verband. Je mehr Kontakte Sie haben, desto leichter wird es Ihnen fallen, einen geeigneten Handwerker zu finden. Dasselbe gilt, wenn Sie einen Arzt, Steuerberater oder Anwalt benötigen. Es wäre geradezu gewagt, einfach einen Experten aus dem Telefonbuch zu wählen. Woher wollen Sie wissen, dass dieser Steuerberater die neuesten Grundsatzurteile kennt und Sie umfassend berät?

In allen existenziellen Fragen, die Ihre Gesundheit, Ihr Vermögen oder Ihre Zukunft betreffen, brauchen Sie verlässliche und sachkundige Experten, die Sie engagiert, objektiv und gewissenhaft beraten. So jemanden finden Sie nicht per Zufall in Ihrer Nähe oder in den Gelben Seiten. Was Sie brauchen, sind gesicherte Informationen und Empfehlungen, die Sie zu Ihrer Zielperson lotsen. Solche Informationen bekommen Sie nur von Freunden, Kollegen und Bekannten oder wenn Sie eine umfassende Recherche durchführen und sich erkundigen. Wie problematisch es ist, sich an irgendeinen vermeintlichen Fachmann zu wenden, wird Ihnen deutlich, wenn Sie an die Fälle von Handwerkerpfusch und an ärztliche Kunstfehler denken, die Ihr Leben für immer ruinieren können.

Selbst wenn Sie Ihren Experten gefunden haben, ist es immer noch wichtig, dass Sie möglichst über ein geeignetes Netzwerk verfügen. Spätestens wenn Sie einen schnellen Termin bei einer medizinischen Koryphäe brauchen oder einen Stararchitekten kontaktieren möchten, sind Beziehungen unerlässlich. Es sei denn, Sie möchten monatelang auf eine dringende Operation warten oder einen Termin für eine Beratung erst in zehn Monaten bekommen.

Auch im Beruf sind Netzwerke geradezu überlebenswichtig. Besonders große Karrieren beruhen häufig auf Beziehungen, die sich als wahrer „Karriereturbo“ erweisen können. Wenn Sie es ganz bis nach oben schaffen wollen, können Sie auf Beziehungen nicht verzichten. Denn Ihr gesamtes Wohlergehen, Ihre finanzielle Zukunft und Ihre Berufsperspektiven hängen davon ab, wen Sie kennen und wer Sie fördert. In Krisenzeiten zeigt sich besonders, wie erfolgreich Sie beim Networking waren. Wenn Sie entlassen wurden, werden Sie sehr schnell feststellen, wie sich die Spreu vom Weizen trennt. Gute Bekannte, die Sie auf dem Golfplatz immer herzlich begrüßt haben, reagieren kühler und reservierter. Vermeintlich gute Freunde zeigen sich nur noch selten, nachdem sie von Ihrer Kündigung erfahren haben. Am Telefon lassen sich ehemalige Kollegen verleugnen oder täuschen Termindruck vor, um sich nicht mit Ihnen treffen zu müssen. Nichts kann verheerender sein, als zu entdecken, dass man von gleichgültigen Opportunisten umgeben war, die sich zurückziehen, sobald der eigene Stern sinkt. Damit Sie nicht in diese Situation kommen, brauchen Sie Beziehungen, die tragfähig sind und Ihnen helfen. Am besten ist es, Sie haben viele Freunde und Bekannte, die Sie in jeder Situation auffangen können – auch wenn es Ihnen schlecht geht und Sie sich in einer problematischen Situation befinden. In solchen Extremfällen werden Sie sehr schnell bemerken, wer zu Ihnen hält und wer Sie fallen lässt.

Die Vorbehalte, die manche Menschen gegenüber dem Networking haben, beruhen auf falschen Vorstellungen; es geht nicht darum, durch Winkelzüge und allerlei Tricks, möglichst viele Menschen für sich zu gewinnen und sie für die eigene Karriere zu benutzen. Ein solches Vorgehen wird langfristig zum Scheitern verurteilt sein, da jeder spürt, wenn er für andere Zwecke eingespannt wird. Beziehungen sollten auch keine Form von Mauschelei oder Klientelismus sein; denn in einem Notfall werden solche Allianzen sich sehr schnell als brüchig erweisen. Networking bedeutet vielmehr, dass Sie Ihr Leben optimal gestalten, dass Sie sich mit den Menschen umgeben, die Ihnen etwas bedeuten und die Ihr Leben intensiver und schöner machen. Networking beruht letztlich auf dem Synergieeffekt: Das Zusammenwirken vieler Menschen ermöglicht einen Quantensprung und eine deutliche Verbesserung Ihrer Lebensqualität.

In den USA, wo Networking gleichsam ein Volkssport und eine Bürgerpflicht ersten Ranges ist, gilt das Knüpfen von Kontakten und Beziehungen als der Schlüssel zum Erfolg. Auch sind manche Networking-Experten so optimistisch, dass Sie Ihnen empfehlen, Kontakte zu Stars aus Film, Kunst, Wirtschaft und Politik aufzunehmen. Solche Kontakte werden Sie am Anfang nicht benötigen, aber je besser Sie das Networking beherrschen, desto leichter fällt es Ihnen, Beziehungen zu Menschen herzustellen.

Was Sie beachten sollten:

- Akzeptieren Sie niemals einen Arzt, Anwalt, Steuerberater, Handwerker oder einen anderen Experten, den Sie aus dem Telefonbuch oder einem Adressverzeichnis ausgesucht haben. Es geht um Ihre Gesundheit, Ihr Vermögen und Ihr Glück. Der Arzt in Ihrer Nachbarschaft kann ein Stümper sein – der Handwerker um die Ecke ein Pfuscher, der Ihr Haus in eine Ruine verwandelt.
- Vertrauen Sie nur Fachleuten, die erfolgreich sind und die Ihnen optimal weiterhelfen können.
- Um einen guten Kontakt herzustellen, sollten Sie einen „Türöffner“ verwenden. Vielleicht haben Sie Freunde, Bekannte oder Verwandte, die diese Person bereits kennen und Sie empfehlen können.
- Für Ihre berufliche Karriere benötigen Sie hervorragende Kontakte. Eine Spitzenkarriere können Sie nur dann verwirklichen, wenn Sie ein zuverlässiges und dichtes Beziehungsnetz haben. Es reicht nicht aus, über ein hohes Fachwissen und Fleiß zu verfügen, um Karriere zu machen. Zwar gibt es Fachlaufbahnen, bei denen das Können und die Kompetenzen im Vordergrund stehen, aber ohne die nötigen Beziehungen werden Sie es nicht schaffen, eine solche Position zu bekleiden.
- Auch in Ihrem Privatleben sind Sie auf Kontakte angewiesen. Je mehr Freunde und Bekannte Sie haben, desto glücklicher werden Sie sein. In schwierigen Zeiten haben Sie Menschen, die Sie stützen und Ihnen weiterhelfen. Auch Ihr privates Glück, sei es eine Ehe oder eine Beziehung, hängt davon ab, wie gut Sie mit Menschen umgehen können. Nur so werden Sie den Traumpartner für Ihr Lebensglück finden.

Begeben Sie sich mit mir auf die Reise und lassen Sie sich auf das Abenteuer Networking ein. Ihr Erfolg, Ihr Glück und Ihre Zufriedenheit hängen letztlich davon ab, ob Sie die Menschen finden, die Sie suchen und die zu Ihnen passen.

2. Was ist ein Netzwerk?

Netzwerke sind Beziehungsgeflechte. Jeder Mensch hat ein mehr oder minder umfangreiches Netzwerk. Denken Sie an Ihre Freunde, Bekannten, Verwandten, Nachbarn, Kollegen und andere. Das Netzwerk eines Menschen ist viel größer, als man gemeinhin annimmt. Denken Sie an Ihre früheren Klassenkameraden oder an Ihre ehemaligen Kollegen. Sie dürfen zu Ihrem Netzwerk nicht nur die Menschen zählen, mit denen Sie eng verbunden sind oder die Sie zurzeit am häufigsten treffen, sondern es gehören auch unscheinbare Personen dazu, die am Rande Ihres Netzwerkes positioniert sind. Auch die Frau an der Supermarktkasse oder der Pförtner sind potenzielle Kontakte, ebenso wie der Redakteur Ihrer Lokalzeitung oder der Politiker vor Ort. Natürlich werden wir später differenzieren, welche Kontakte in die engere Auswahl kommen und Erfolg versprechend sind. Aber vorerst sollten Sie eine gründliche Bestandsaufnahme machen und sich überlegen, wen Sie alles kennen. Entscheidende Impulse kommen oft von Personen, die Sie außer Acht gelassen haben oder die Ihnen unwichtig erscheinen.

2.1 Die Bedeutung der Netzwerke

Welche Arten von Netzwerken gibt es eigentlich? Meist unterscheidet man zwischen primären und sekundären Netzwerken. Zu den primären Netzwerken gehören Menschen, mit denen Sie persönlich zu tun haben – wie Verwandte, Bekannte und Freunde. Der Vorteil von Bekannten und Freunden besteht darin, dass Sie sich diese persönlich aussuchen können. Nicht zufällig kursieren die meisten boshaften Witze über Schwiegermütter, und auch andere Verwandte sind oft mehr eine Last als eine Bereicherung. Aus diesem Grund gehören Weihnachtsfeiern, Jubiläen und ähnliche Anlässe zu den am wenigsten beliebten Feiern. Häufig besteht eine größere Seelenverwandtschaft zwischen Freunden oder Kollegen als zwischen vermeintlich nahen Verwandten, die sich über lange

Zeit auseinander gelebt haben und die nichts mehr verbindet. Besonders wenn jemand eine Spitzenkarriere macht und die soziale Kluft sich deutlich vergrößert, werden oft unterschiedliche Wertvorstellungen und Lebensweisen zu einem kaum überbrückbaren Hindernis.

In manchen Ländern handelt man nach dem altbekannten Motto „Blut ist dicker als Wasser“, und man möchte damit sagen, dass die Verwandtschaft Vorrang genießt. In einigen asiatischen Ländern bestehen ganze Unternehmen und Konzerne aus einem Familienclan, und es ist üblich und sogar Pflicht, enge Verwandte lebenslang zu unterstützen und zu fördern. In solchen Unternehmen spielen Leistung, Qualifikation und Engagement nur eine sekundäre Rolle; Einstellungen erfolgen vorwiegend aufgrund der Abstammung und der Verwandtschaft. Auch Personen, die aus dem gleichen Dorf, der gleichen Stadt oder Provinz kommen, werden privilegiert behandelt und rücken so in Schlüsselpositionen auf. In vielen Entwicklungsländern werden auf diese Weise Stellen in der öffentlichen Verwaltung besetzt.

Entgegen den üblichen Beteuerungen spielt auch in Europa und Nordamerika die Herkunft eine gewisse Rolle; allerdings wird dies anders interpretiert, denn es ist nicht üblich, Cousins, Neffen oder Geschwister einzustellen. In Europa erfolgt das Networking dezenter und diplomatischer. In Geschäftsbeziehungen ist es verpönt, Verwandte zu protegieren, und Führungskräfte, die allzu offensichtlich Liebschaften und Freunde in wichtige Positionen befördern, gelten als eigennützig. Vielfach kann eine solche ausufernde Klientelwirtschaft sich als Bumerang erweisen, wenn eine Empfehlung sich als Niete entpuppt oder allzu sehr das Leistungsprinzip ad absurdum geführt wird.

2.2 Die Funktionsweise einer Seilschaft

Die meisten Netzwerke hierzulande sind eigentlich Seilschaften. Der Begriff, der vom Bergsteigen kommt, verdeutlicht schon, worauf es in einer Seilschaft ankommt: auf Loyalität. Wie das Bild bereits andeutet, hängen alle Mitglieder in einer Seilschaft an einem Seil und ermöglichen so eine wechselseitige Sicherheit beim beruflichen Aufstieg. Keiner darf aus diesem Zweckbündnis ausscheren, denn sonst wäre womöglich die Sicherheit aller in Frage gestellt. In der Praxis funktioniert eine Seilschaft häufig so: Ein junger Karriereaspirant sucht sich einen zuverlässigen Mentor, der ihn anleitet und betreut. Mentoren zu finden ist keine einfache Angelegenheit, denn nicht jeder Vorgesetzte oder ambitionierte Kollege möchte die Rolle des Mentors spielen und eine solche Funktion übernehmen, die auch einen gewissen zeitlichen Aufwand mit sich bringt. Wie überall im Leben spielt hier die „Chemie“ eine ausschlaggebende Rolle. Wenn keine Sympathie vorhanden ist, wird eine solche Mentorschaft erst gar nicht entstehen. Mentor und Mentee, so nennt man den Betreuten, müssen sich gut verstehen und auch bereit sein, füreinander einzustehen und alle Schwierigkeiten, die sich aus dem beruflichen Aufstieg ergeben, gemeinsam zu meistern.

Eine Seilschaft bewährt sich in vielen Alltagssituationen. Wenn etwa der Außendienstmitarbeiter von einem Großkunden erfährt, dass das eigene Unternehmen sich in einer schwierigen Situation befindet, wird er es sofort seinem Mentor unter dem Mantel der Verschwiegenheit anvertrauen. Auch Gerüchte und andere wichtige Informationen finden so schnell Verbreitung. Eine Seilschaft ist letztlich eine Allianz auf Gegenseitigkeit oder – wie man heute sagt – eine Win-Win-Situation, die beiden Seiten gleichermaßen zum Erfolg verhilft. Beide Parteien sollten davon profitieren. Aus diesem Grunde ist eine Seilschaft besonders dann Erfolg versprechend, wenn ein Kandidat aus der Seilschaft eine große Karriere vorweisen kann. Dieser „Zughengst“ zieht dann den Rest der Seilschaft mit zum Gipfel des Erfolgs. So ist es nicht selten, dass ein Hauptabteilungsleiter, der das Unternehmen wechselt, seine „Schützlinge“ und „Protegés“ auch bei dem neuen Unternehmen unterzubringen versucht oder diese zumindest in einem Tochterunternehmen zu platzieren bemüht ist. Voraussetzung für ein solches Engagement, das auch gewisse Risiken birgt, ist aber häufig eine uneingeschränkte Loyalität. Ein Mentee, der sich nur die kleinste Indiskretion zuschulden kommen lässt oder dem Mentor eigenwillig erscheint, wird früher oder später gnadenlos fallen gelassen. Insofern stimmt das der Bergsteigerwelt entliehene Bild: Auf der Klettertour zum höchsten Gipfel kann sich niemand die Rolle des Sonderlings leisten. Eine Seilschaft ist aber auch nur dann wirklich erfolgreich, wenn es zumindest ein Mitglied dieses verschworenen Bundes an die Spitze schafft.

2.3 Networking in Organisationen

Das Prinzip der Seilschaft findet im beruflichen Bereich in größerem Maßstab statt: Organisationen bilden oft eng verzweigte Netzwerke, die der gegenseitigen Unterstützung dienen und ein enormes Erfolgspotenzial haben. Solche Netzwerke sind sehr komplex und vielschichtig und können eine Karriere um ein Vielfaches beschleunigen. Bekannte Organisationen sind beispielsweise politische Parteien und Gewerkschaften, aber auch Fachverbände, Kirchen, Vereine oder Studentenverbindungen. Das Besondere an solchen Netzwerkorganisationen ist, dass Sie bestimmte Voraussetzungen erfüllen müssen, um sich solche Beziehungen zunutze zu machen. Der Eintritt in eine solche Organisation erfordert, dass Sie bestimmte Wertvorstellungen, Lebensweisen und Ansichten teilen und sich dazu bekennen und sich – wie auch in der Seilschaft – loyal verhalten. Ironisch spricht man bei Karrieren oft von dem „Stallgeruch“, den ein Kandidat haben muss. Ein solcher wird auch von vielen Organisationen vorausgesetzt, wenngleich manche in dieser Hinsicht großzügiger sind. Wie viel Loyalität eine solche Organisation fordert, hängt von vielen Faktoren ab. In der Regel sollte man den offiziellen Verlautbarungen nicht allzu viel Bedeutung beimessen, denn auch im Ortsverband einer Partei oder in Verbänden und Vereinen kann es deutliche Unterschiede geben. Während der eine Ortsverband erwartet, dass Sie sich erst durch Protokollführen und Plakatekleben nach oben „dienern“, erhalten Sie bei dem anderen bereits nach zwei Wochen eine Vertrauensstellung und verantwortungsvolle Aufgaben.

Im beruflichen Bereich kann beispielsweise die Mitgliedschaft in einem Verband fast immer nützlich sein – vorausgesetzt Sie sind jederzeit bereit, sich aktiv zu engagieren und sich einzubringen. Eine Karteimitgliedschaft, die sich darauf beschränkt, dass Sie vierteljährlich die Verbandszeitschrift zugeschickt bekommen, ist nicht sinnvoll. Sie müssen schon selbst aktiv werden und die Gelegenheiten nutzen, um Kontakte zu knüpfen und auszubauen.

2.4 Die Bedeutung von virtuellen Netzwerken

Eine weitere Möglichkeit sind virtuelle Netzwerke, die mit der Verbreitung des Internets deutlich an Bedeutung gewonnen haben. Inzwischen gibt es neben vielfältigen Netzwerken für alle Zielsetzungen auch Online-Tagebücher, die Blogs genannt werden, und neue Ansätze, die unter dem Schlagwort „Web 2.0“ zusammengefasst werden. Das Internet bietet eine fast unüberschaubare Fülle an Möglichkeiten und Chancen, die besonders Menschen nutzen können, die noch vor direkten Kontakten oder aktivem Networking zurückschrecken. Dennoch ist es langfristig unumgänglich, dass solche Kontakte und Beziehungen im realen Leben gepflegt werden. Virtuelle Kontakte sind oft zu unverbindlich oder verlaufen nach einiger Zeit im Sande. Nur der regelmäßige persönliche Kontakt stellt ein solches Beziehungsnetz auf eine sichere Grundlage.

3. Networking in der Praxis

Im Folgenden werden Ihnen Grundlagen und Übungen vorgestellt, wie Sie in der Alltagspraxis Networking betreiben können. Durch die Übungen sollen Sie mit den Fertigkeiten vertraut gemacht werden, die für das Knüpfen von Beziehungen und Kontakten unerlässlich sind.

3.1 Wie Sie beginnen sollten

Networking ist eine wichtige Voraussetzung für den Erfolg im Beruf, aber auch im Privatleben. Fangen Sie deshalb noch heute an, Ihre Kontakte zu erweitern und Ihr Netzwerk auszubauen.

Übung – Machen Sie eine Bestandsaufnahme: Legen Sie ein „Networking"-Tagebuch an; das kann ein Heft, ein Ordner oder ein Kollegblock sein, in dem Sie wichtige Übungen zum Networking machen, Ihre Aufgaben notieren und Ihre Erfolge festhalten. Auch wenn Ihnen das kurios erscheinen mag, sollten Sie es tun; denn durch das schriftliche Festhalten Ihrer Ziele werden diese für Sie verbindlicher und konkreter. Wenn Sie nur darüber nachdenken, Networking zu betreiben, werden Sie diese Aufgabe erst gar nicht in Angriff nehmen. Ein Networking-Tagebuch schafft mehr Verbindlichkeit, Klarheit und Systematik. Sie sind dadurch gezwungen, sich gezielt Gedanken zu machen und Ihre Ideen zu ordnen. Nur wenn Sie einen schriftlich fixierten Plan haben, werden Sie jeden Tag daran erinnert, was Sie noch tun müssen und wie Sie Ihr Networking-Projekt am besten umsetzen können.

Nehmen Sie also Ihr Heft und machen Sie eine erste Bestandsaufnahme. Wen kennen Sie? Schreiben Sie nicht nur Ihre Freunde, Verwandte und Kollegen auf, sondern auch flüchtige Bekanntschaften wie den Arzt, den Steuerberater, Mitglieder im Sportverein, Nachbarn und andere. Machen Sie dann hinter der Person, mit der Sie gerne wieder Kontakt aufnehmen möchten oder mit der Sie einen intensiveren Umgang pflegen wollen, ein Sternchen.

3.1.1 Wie man Kontakte anbahnt

Manche Menschen gehen lieber zum Zahnarzt als auf eine Fachtagung oder eine Cocktailparty. Die Vorstellung, mit völlig fremden Menschen sprechen zu müssen oder als Einzelner eine Party zu betreten, bereitet ihnen ständig Qualen und Unbehagen. Doch das muss nicht sein. Wie alle Fertigkeiten kann man auch erlernen, wie man am besten Kontakte knüpft und mit anderen Menschen kommuniziert. Es ist letztlich nur eine Frage der intensiven Übung. Falls Sie nun denken, extrovertierte Menschen, die gesellig und aufgeschlossen sind, hätten es leichter, dann irren Sie. Zwar schaffen es nach außen gerichtete Menschen in viel kürzerer Zeit, eine Vielzahl von Personen anzusprechen und mit ihnen Kontakte zu knüpfen, aber meist haben sie Probleme, den Kontakt langfristig aufrechtzuerhalten und zu vertiefen. Extrovertierte haben gleichsam eine gute Chance für eine Initialzündung, sie können aber den Motor nicht am Laufen halten, da sie zu viel Gas geben und so den Motor wieder „abwürgen". Introvertierte Menschen, die eher zurückgezogen und schüchtern sind, haben das Problem, dass sie noch nicht einmal den ersten Schritt schaffen und so nur selten Kontakte anbahnen können. Aufgrund ihrer zurückhaltenden Art tun sie sich schwer damit, jemanden anzusprechen oder sich in den Vordergrund zu stellen. Sie halten sich auf Tagungen und Partys meist zurück, und Geselligkeiten größerer Art bereiten ihnen schnell Unbehagen, so dass sie Events und größere Menschenansammlungen eher meiden. Sie ziehen es vor, lieber in aller Stille Bücher zu lesen oder Projekte zu schmieden. Dennoch ist ihre introvertierte Haltung nicht nur ein Nachteil, der sie zu ewiger Einsamkeit und Isolation verdammt: Wenn diese stillen Feingeister einen Menschen kennen lernen, dann dauert diese Beziehung sehr lange und zeichnet sich durch ihre Tiefe aus. Für ein erfolgreiches Networking sind also extrovertierte und introvertierte Einstellungen unabdingbar. Leider haben die meisten Menschen nicht die Möglichkeit, einfach in den jeweils notwendigen, anderen Modus zu schalten. Wer extrovertiert ist, tut sich schwer, Beziehungen zu vertiefen, und wer introvertiert ist, scheitert bereits an der Anbahnung eines Kontakts.

Es wäre naiv zu glauben, man könnte solche grundlegenden Einstellungen und Persönlichkeitsmerkmale, die bereits in der Kindheit erworben wurden, innerhalb kürzester Zeit ablegen oder verändern. Dennoch kann man durch etwas Übung, sich viele Fertigkeiten aneignen und den Mangel ausgleichen. Allerdings sollten Sie eine Grundregel aus dem Management beherzigen: Es ist niemals möglich, eine echte Schwäche (sei es Introvertiertheit oder Extrovertiertheit) abzubauen oder gänzlich zu beheben. Natürlich gibt es Fälle, wo sich jemand im Nachhinein als Unterhaltungstalent herausstellt oder sich jemand in einen tiefgründigen Philosophen verwandelt, aber in solchen Fällen wurden die Grundeigenschaften einer Person verkannt, selbst wenn dieser Irrtum den Lehrern oder Eltern anzulasten ist. In manchen Menschen schlummert ein verkanntes Potenzial, das sich nie verwirklichen konnte. Ist die Schwäche aber echt, dann wird man sie nur durch zahlreiche Übungen ausgleichen können. Wesentlich effizienter und sinnvoller ist es folglich, sich auf seine Stärken zu konzentrieren; denn die lange Zeit, die Sie benötigen, um eine Schwäche zu kompensieren, können Sie wesentlich effizienter darauf verwenden, Ihre bereits vorhandenen Fertigkeiten zielgerichtet auszubauen.

Wenn Sie also introvertiert sind und das Rampenlicht von Partys, Tagungen und Kongressen scheuen, dann ist es sicherlich unvermeidlich, dass Sie am Anfang das Kontakteknüpfen systematisch erlernen; Ihren eigentlichen Schwerpunkt sollten Sie aber auf Ihre Stärke legen, nämlich die Fähigkeit, Beziehungen zu vertiefen und über einen langen Zeitraum zu pflegen.

Manchen Menschen ist es peinlich, nur schwer Kontakte herstellen zu können. Sie schämen sich dafür, als Eigenbrötler oder Außenseiter abgestempelt zu werden. Doch dieser Schein trügt. Viele Menschen haben Angst davor, Kontakte mit völlig Fremden zu knüpfen. In Großstädten besteht die überwiegende Zahl der Haushalte aus Single-Haushalten, und die Zahl von Singlecafés und -veranstaltungen nimmt sprunghaft zu. Daraus zu schließen, die Menschen seien beziehungsunfähig, ist aber falsch, denn in früheren Zeiten, als die Menschen noch vorwiegend auf dem Land oder in ihrem angestammten Gesichtskreis lebten, musste man kaum Kontakte knüpfen, da man gleichsam in den vertrauten Lebenskreis geboren wurde. Die Networking-Kompetenz eines Großstadtbewohners ist also um ein Vielfaches größer als die eines Dorfbewohners aus dem 19. Jahrhundert, dessen Aktionsradius auf die eigene Verwandtschaft und die Nachbarn beschränkt blieb. Die Menschen sind heutzutage also wesentlich kompetenter, als es den Anschein hat. Dennoch hat die Vielfalt der Möglichkeiten etwas Verwirrendes und Herausforderndes an sich, so dass viele Menschen ihr Networking-Potenzial nicht vollständig ausnutzen. Diese Angst vor dem Kontakteknüpfen beschränkt sich nicht nur auf den privaten Bereich, sondern befällt auch regelmäßig Außendienstmitarbeiter. So ist die Kaltakquise, das Anrufen völlig fremder Kunden, bei vielen ein Albtraum, der möglichst Stunde um Stunde verschoben wird. In den Serviceabteilungen von Unternehmen herrscht eine hohe Personalfluktuation vor, denn die Beschwerden von Kunden sind für viele Mitarbeiter unangenehm. In kaum einem Bereich werden so viele Mitarbeiter gesucht wie im Vertrieb. Wie wertvoll Networking-Kompetenzen sind, können Sie schon allein daraus ersehen, dass im Vertrieb überdurchschnittliche Gehälter und Provisionen bezahlt werden.

3.1.2 Das Kontakteknüpfen

Um das Kontaktieren zu erlernen, sollten Sie Schritt für Schritt beginnen, Ihre Zurückhaltung zu überwinden. Je mehr Menschen Sie kennen lernen, desto leichter wird es ihnen fallen, neue Beziehungen herzustellen.

Übung – Kontakteknüpfen: Schreiben Sie in Ihr Networking-Tagebuch zwei Kontakte, die Sie an diesem Tag machen wollen. Beginnen Sie mit etwas Leichtem, d.h. suchen Sie sich Menschen, die Sie problemlos und ohne ein Angstgefühl kontaktieren können. Das kann Ihre Cousine, Ihre Schulfreundin, ein Kollege oder die Nachbarin sein. Das Wichtigste ist: Sie dürfen bei dieser Kontaktaufnahme keine Angst und kein Unbehagen verspüren. Wenn Sie das Kontakteknüpfen als problematisch oder schwierig empfinden, wird Sie dies bereits bei Beginn blockieren. Fangen Sie leicht an und konzentrieren Sie sich zuerst auf Kontakte, die Sie ohne Schwierigkeiten angehen können.

Machen Sie eine Woche lang mindestens zwei Kontakte pro Tag. In den nächsten Wochen suchen Sie sich Kontakte heraus, die bei Ihnen bereits ein leichtes „Kribbeln“ oder eine leichte Anspannung hervorrufen. Das sind Menschen, die Sie zwar schon relativ gut kennen, mit denen Sie aber noch nicht allzu sehr vertraut sind. Diese Kontaktsuche verstärken Sie von Woche zu Woche. Nach etwa zwei Monaten sollten Sie versuchen, auch Menschen anzusprechen, die Sie noch gar nicht kennen. Fangen Sie zuerst in einem „institutionellen Rahmen“ an. Sie sollten also noch nicht Menschen auf der Straße oder in der S-Bahn ansprechen, sondern während einer Tagung, einer Vereinssitzung oder bei einem anderen offiziellen Anlass. Erst wenn Sie dies sicher und gewandt beherrschen, sollten Sie völlig Fremde ansprechen. Erkundigen Sie sich nach der Uhrzeit, nach einem Laden oder einer Straße. Wichtig ist dabei: Auch wenn die Personen einmal unnahbar oder eher abweisend reagieren, sollten Sie sich davon nicht beirren lassen. Diese Abweisung hat nichts mit Ihnen persönlich zu tun, sondern sagt eher etwas über ihren Gesprächspartner und dessen Unsicherheit aus. Eine schroffe Ablehnung oder das Ignorieren eines Gesprächsangebots offenbart, dass Ihr Gesprächspartner unsicher ist und über ein schwaches Selbstvertrauen verfügt. Die meisten Menschen reagieren angemessen, wenn man sie anspricht.

Wenn Sie jeden Tag auf diese Weise zwei neue Kontakte knüpfen und sich schrittweise in immer ungewohnteres Terrain vorwagen, werden Sie früher oder später mit Leichtigkeit Menschen ansprechen können und so viele Beziehungen herstellen. Lassen Sie sich auf keinen Fall von schwierigen Einzelfällen entmutigen. Das Kontakteknüpfen muss für Sie so selbstverständlich werden wie das Kaffeetrinken am Morgen. Je mehr und je ausdauernder Sie üben, desto besser werden Sie mit Ihren täglichen Kontakten zu Rande kommen.

Mancher Networking-Experte ist der Auffassung, dass erfolgreiche Menschen in ihrem berüchtigten Planer oft 500 Personen stehen haben. Insbesondere Politiker müssen sich Hunderte von Personen mit Namen merken und diese persönlich ansprechen können. Eine so hohe Messlatte sollten Sie noch nicht anlegen, aber wenn Sie zwischen 50 und 100 Menschen auf diese Weise kennen lernen, sind Sie schon relativ erfolgreich. Fangen Sie an – Sie haben nichts zu verlieren. Je mehr Menschen Sie kennen, desto größer ist Ihre Chance, dass Sie nicht nur beruflich, sondern auch privat sehr erfolgreich werden.

3.2 Nutzen Sie gezielt Situationen

Am leichtesten knüpfen Sie Kontakte, wenn Sie Menschen finden, die ähnliche Ansichten und Wertvorstellungen wie Sie vertreten oder gleiche Hobbys pflegen. Das Steckenpferd oder ein bestimmtes Interesse sind ein sehr geeigneter Anknüpfungspunkt, der Gesprächsstoff für viele Stunden bieten kann. Durch solche Kontakte können Sie nicht nur Ihre Kommunikations- und Teamfähigkeit erheblich verbessern, sondern vielleicht sogar reizvolle Kontakte finden, die Ihnen im beruflichen oder privaten Bereich zugute kommen.

Solche Situationen, die sich als Übungsterrain eignen, gibt es im Alltag zuhauf. Vielleicht haben Sie ein spezielles oder ausgefallenes Hobby und interessieren sich für Modelleisenbahnen, die chinesische Küche oder das Briefmarkensammeln. Gehen Sie in entsprechende Vereine, zu Messen, Veranstaltungen oder in die Volkshochschule. Wenn Sie eine allein erziehende Mutter sind, kann ein Kochkurs an der Volkshochschule Wunder wirken. Sie werden erstaunt sein, wie schnell Sie mit Gleichgesinnten ins Gespräch kommen. Konzentrieren Sie sich dabei nicht zu sehr darauf, Erfolg versprechende Kontakte zu finden, die Ihnen bei Ihrer Karriere weiterhelfen. Es ist nicht sehr wahrscheinlich, dass Sie gerade auf einer Messe für Modelleisenbahnen den Mentor finden, mit dem Sie den Gipfel Ihres beruflichen Erfolgs erstürmen können. Aber Sie verbessern Ihre Kommunikationsfähigkeit, Sie lernen, Menschen besser einzuschätzen und auf sie zuzugehen. Daher sollten Sie alle Möglichkeiten nutzen, die sich Ihnen bieten. Betrachten Sie das Ganze als ein unverbindliches Spiel – setzen Sie sich bitte nicht unter Druck, um möglichst viele Kontakte zu knüpfen, als gelte es „Networking-Trophäen“ zu sammeln. Dieses private, unverbindliche Networking soll Sie nur auf das berufliche Networking vorbereiten. Je gelassener und beschwingter Sie an die Sache herangehen, desto größere Erfolge werden Sie haben. Auch wenn die Gesprächspartnerin von Beruf Floristin ist und Sie eigentlich den Vorstand eines IT-Unternehmens kontaktieren wollen, sollten Sie von den Gesprächen und der Perfektionierung Ihrer sozialen Kompetenz profitieren. Nur wenn Sie die natürliche

Gelassenheit erlernen, die für ein erfolgreiches Networking wichtig ist, werden Sie auch im beruflichen Bereich vorankommen.

Übung – Orte für das Networking: Suchen Sie sich Bereiche, in denen Sie Ihr privates Networking verbessern können. Hegen Sie keine zu großen Erwartungen, sondern fassen Sie es als ein Spiel auf, das Ihre Lebensqualität erhöht. Auch Menschen, die nicht in Ihr Suchraster passen, können für Sie bedeutsam sein, denn sie helfen Ihnen, ein verlässliches soziales Umfeld zu schaffen. Überlegen Sie, welche Hobbys und Interessen Sie haben. Schreiben Sie spontan mindestens 10 Hobbys oder Interessen in Ihr Networking-Tagebuch.

Üben Sie keine Zensur aus, so skurril Ihre Idee auch sein mag, sondern schreiben Sie alle Einfälle auf, die Ihnen spontan in den Sinn kommen. Dann versuchen Sie, zu jedem Einfall einen Ort zu finden, wo Sie Menschen treffen können, die auch dieses Hobby pflegen oder solchen Interessen nachgehen. Das können Sport- oder Kulturvereine sein, Messen, Tagungen oder Ausstellungen. Vielleicht belegen Sie einen Volkshochschulkurs oder besuchen einen Vortrag mit anschließender Diskussion. Gehen Sie zu einer Theatervorstellung oder nehmen Sie an der öffentlichen Sitzung des Stadtrats teil. Möglicherweise können Sie auch Mitglied bei einer Umweltschutz- oder Menschenrechtsorganisation werden oder eine Selbsthilfegruppe aufsuchen, die sich mit Ihrem Thema befasst.

Das Wichtigste ist: Überall werden Sie interessante und aufgeschlossene Menschen finden, die Ihr Leben, Ihre Ansichten und Möglichkeiten erweitern. Die gemeinsamen Interessen, Ideen und Wertvorstellungen erleichtern es Ihnen deutlich, neue Kontakte zu pflegen. Das Thema bildet gleichsam einen Anknüpfungspunkt und schafft etwas Verbindendes. Es ist hundert Mal leichter, Menschen in einem vorgegebenen Kontext kennen zu lernen, als fremde Personen in einer Bar oder auf einer Messe anzusprechen.

Menschen, die in einer Großstadt leben, haben es leichter, da es in jedem Ballungszentrum eine Unzahl von Vereinen, Organisationen, Treffpunkten und Veranstaltungen gibt. Städte wie Berlin, Frankfurt am Main, München oder Köln sind ein quirliger Mikrokosmos, in dem Sie unzählige Menschen mit den unterschiedlichsten Interessen und Ambitionen kennen lernen können.

Im ländlichen Raum beschränkt sich die Networking-Möglichkeit meist auf die freiwillige Feuerwehr, den Landfrauenverein oder den Schützenverein. In den Dörfern kennt man sich auch sehr genau, so dass es schwierig sein kann, neue Kontakte anzubahnen, da manche Menschen voreingenommen sind. In Großstädten hingegen ergibt sich eine unvorstellbare Vielzahl an Kontakten, wenngleich die Anonymität solcher urbaner Umgebungen dazu führt, dass Kontakte viel unverbindlicher und beliebiger sind.

Für Profis gibt es ein paar Tricks, wie Sie noch schneller **Kontakte auf Veranstaltungen** knüpfen können:

- Sprechen Sie Leute an, die einsam wirken oder sich am Rand des Events aufhalten. Manche Zeitgenossen sind sehr schüchtern und halten sich eher im Hintergrund. Auch wenn solche „Mauerblümchen“ bei vielen Gästen unbeliebt sind, sollten Sie diese Personen gezielt kontaktieren. Die Betreffenden sind oft sehr dankbar, dass sie in das Geschehen mit einbezogen werden und sie können zu ihnen häufig schneller eine engere Beziehung herstellen. Nehmen Sie diese mit, während Sie durch den Raum promenieren und weitere Kontakte knüpfen. Stellen Sie diese zurückhaltenden Menschen auch anderen vor, um sie stärker zu integrieren.
- Postieren Sie sich in der Nähe des Eingangs, des Büfetts oder der Toilette. An diesen Plätzen sind auch Menschen, die sich sonst schnell einer Clique oder vertrauten Gruppe anschließen, alleine unterwegs. Das macht sie zugänglicher für den Smalltalk. Warten Sie allerdings, bis die Leute die Toilette wieder verlassen.
- Eine andere Strategie ist die Rotationsstrategie. Betrachten Sie die Veranstaltung als eine Art Ballsaal. So wie man beim Wiener Walzer den ganzen Raum durchquert, sollten auch Sie von Gesprächspartner zu Gesprächspartner schreiten, um möglichst viele Kontakte und Impressionen zu sammeln.
- Bei manchen Veranstaltungen erhalten Sie im Vorfeld eine ausführliche Teilnehmerliste. Studieren Sie diese aufmerksam und versuchen Sie festzustellen, wer für Sie interessant sein könnte. Bereiten Sie diese Kontakte schon vor und überlegen Sie, wie Sie das Gespräch eröffnen möchten.

3.2.1 Ausstrahlung, Image und erster Eindruck

Wenn Sie auf eine Veranstaltung gehen oder ein Kundengespräch haben, ist es wichtig, dass Sie auf Ihre Ausstrahlung achten und einen guten Eindruck bei Ihrem Gegenüber hinterlassen. Bereiten Sie sich entsprechend auf die Situation vor, indem Sie sich schon die ersten Worte zurechtlegen, die Sie sagen wollen.

Ebenso sollten Sie auf Ihre Körpersprache achten und sich zuvor zu Hause in einem großen Spiegel betrachten. Versuchen Sie zumindest teilweise, Ihre Körpersprache gezielt einzusetzen. Am leichtesten gelingt es, Mimik und Gestik unter Kontrolle zu bringen, aber weitaus schwieriger ist es, das Gesamtbild Ihrer Körpersprache zu formen. In den meisten Fällen wird es anfangs relativ problematisch sein, Ihrem Kommunikationspartner eine stimmige Körpersprache zu präsentieren, denn der andere nimmt unbewusst solche „Dissonanzen" wahr. Sie sollten daher, wenn es geht, auf eine authentische Darstellung Wert legen. Je mehr Sie mit sich selbst im Einklang sind, desto gelungener und überzeugender wird Ihre Ausstrahlung sein. Bei schwierigen Kunden oder Vorgesetzten, bei denen Sie keine echte Sympathie ausstrahlen können, sollten Sie zumindest Gesten vermeiden, die Ablehnung oder Feindseligkeit signalisieren. Achten Sie darauf, dass Sie Ihre Arme nicht vor der Brust verschränken, Ihren Körper beim Sitzen nicht zu sehr zurücklehnen oder vorbeugen und die Hände nicht so aneinander fügen, dass Ihre Finger wie ein Pfeil nach vorn zeigen, was Experten die „Igel-Haltung" nennen. All diese Gesten transportieren eine Ablehnung, die Ihr Gegenüber bewusst oder unbewusst sofort wahrnimmt.

Es gibt einen einfachen Trick, wie Sie die Sympathie und das Wohlwollen Ihres Gesprächspartners gewinnen können. Man nennt dieses Verfahren Spiegelung. Dabei nimmt man behutsam die Körperhaltung des anderen ein, indem man sie unmerklich imitiert. Wenn sich also Ihr Gegenüber zur Seite lehnt, dann tun Sie das auch. Wenn er sich mit der Hand ans Kinn fasst, machen Sie das ebenso. Allerdings sollten Sie darauf achten, dass diese Spiegelung nicht zu einem plumpen Nachäffen gerät. Lassen Sie ein paar Sekunden verstreichen und nehmen Sie erst dann die

Körperhaltung ein. Es ist wichtig, dass Ihr Gesprächspartner nicht wahrnimmt, dass Sie seine Verhaltensweise kopieren. Durch diese Spiegelung wird unbewusst Sympathie erzeugt. Wenn Sie einmal Menschen beobachten, die sich sehr nahe stehen, werden Sie erstaunt feststellen, dass sie bei vielen Gelegenheiten fast immer eine ähnliche oder identische Körperhaltung einnehmen.

Während des Gesprächs sollten Sie stets Blickkontakt halten, denn Menschen, die es vermeiden, einem direkt in die Augen zu sehen oder ihren Blick schweifen lassen, gelten als schüchtern, ängstlich, wenig selbstbewusst und zurückhaltend. Im schlimmsten Fall nimmt Ihr Gegenüber an, dass Sie etwas zu verbergen haben. Natürlich ist es auch wichtig, dass Sie den anderen nicht feindselig anstarren oder ständig fixieren. Gelegentlich können Sie durchaus zur Seite schauen, aber achten Sie darauf, dass Sie die meiste Zeit Ihren Gesprächspartner betrachten und ihm so deutlich machen, dass Sie ihm Ihre volle und uneingeschränkte Aufmerksamkeit widmen. Wenn Sie Angst haben, einem Menschen längere Zeit direkt in die Augen zu sehen oder es als beklemmend empfinden, dann sollten Sie Ihrem Gegenüber zwischen die Augen auf den oberen Teil der Nase sehen. Der andere wird es so wahrnehmen, als ob Sie ihm unmittelbar in die Augen schauten.

3.2.2 Ihr Outfit und die Etikette

Ihr Erscheinungsbild trägt maßgeblich zum Gelingen des Networkings bei. Achten Sie daher besonders auf Ihre Kleidung, die Ihre Werte, Ihre Persönlichkeit und Ihr Image widerspiegeln sollte. Verzichten Sie auf jeden Fall darauf, ein Outfit zu tragen, das Ihnen nicht behagt. Man sieht manchen Menschen deutlich an, wie unwohl sie sich in einem Anzug fühlen. Zwar wird es sich nicht immer umgehen lassen, dass Sie in manchen Situationen Kompromisse eingehen, aber zumindest sollten solche Zugeständnisse so weit abgemildert werden, dass Sie sich in Ihrem Kleidungsstück einigermaßen wohl fühlen.

Im beruflichen Kontext sollten Sie Wert auf ein gepflegtes Äußeres legen, denn der alte Spruch „Kleider machen Leute“ gilt heute mehr denn je. Während man noch in den siebziger Jahren durchaus leger auftreten konnte, gewinnt heutzutage die einst verstaubte Etikette wieder sehr an Bedeutung. Zwar hat man einige alte Zöpfe aus der guten alten Zeit abgeschnitten, aber dennoch wird heute gerade im beruflichen Bereich wieder Benimm zum Erfolgsfaktor. Heute weiß zwar niemand mehr, was eine Ehrenseite ist oder warum man Kartoffeln nicht mit dem Messer zerteilen darf (im 19. Jahrhundert verwendete man in gutbürgerlichen Häusern Silberbesteck, das beim Zerschneiden wegen des Schwefelgehalts dunkel anlief), aber Etikette ist in. Führungskräfte, die dieses Zeremoniell nicht beherrschen, fallen weniger angenehm auf. Entgegen aller Beteuerungen gibt es in vielen Führungslaufbahnen eine Art „gläserne Decke", und wenn Sie nicht den richtigen „Stallgeruch" besitzen, werden Sie es kaum schaffen, diese Barriere zu überwinden. In den oberen Führungsetagen ist man meist unter sich.

Besondere Sorgfalt sollten Sie auf Ihre Kleidung verwenden. Ein absolutes Tabu ist es, Polyester-Anzüge zu tragen, die gemeinhin als billige Konfektionsware gelten. Die meisten Personaler richten übrigens ihr Augenmerk auf Bereiche, die von den meisten Menschen übersehen oder vernachlässigt werden – nämlich die Füße. Kandidaten, die Schuhe mit abgetretenen und schiefen Absätzen tragen oder verschmutzte, abgewetzte und staubige Schuhe haben, werden meist zu Recht oder zu Unrecht als nachlässig eingestuft. Während die meisten Karrierewilligen bei der Auswahl ihres Anzugs sehr viel Mühe aufwenden, werden nicht selten billige Hemden getragen, die das Gesamtbild zerstören und so den Anfänger verraten.

Frauen haben zwar bei ihrer Garderobe weitaus mehr Variations- und Gestaltungsmöglichkeiten und eine größere Vielfalt als Männer, aber dafür ist die Auswahl noch schwieriger und problematischer. Als geeigneter Standard wird meist ein Kostüm empfohlen, das dezent sein sollte. Bei Schmuck ist äußerste Zurückhaltung geboten; denn ein Ring an jedem Finger, überdimensionaler Ohrschmuck und Armringe wirken überladen und zeugen von einem schlechten Geschmack.

Wenn Sie beruflichen Erfolg haben wollen, sollten Sie sich an der Garderobe Ihres Vorgesetzten orientieren. Allerdings gilt auch hier eine ungeschriebene Regel: Kleiden Sie sich nicht besser als

Ihr Vorgesetzter, der das als Provokation auslegen könnte, sondern überzeugen Sie im Zweifelsfall eher durch ein gewisses Understatement. Auch Frauen sollten es dringend vermeiden, einer weiblichen Vorgesetzten vorzuführen, dass sie modischer und eleganter gekleidet sind. Ressentiments können sehr schnell jedes Vertrauen zerstören und in einen langen Kleinkrieg münden.

Sie müssen in einer Karriere gezielt Ihr Image aufbauen und einen perfekten Eindruck hinterlassen. Ihr Niveau sollte stets an das Ihres Vorgesetzten heranreichen, aber eine Stufe niedriger angesiedelt sein, um Konkurrenz zu vermeiden. Daher sollten Sie sich auch überlegen, welches Auto Sie fahren. Selbstständige achten oft peinlich genau darauf, welches Fahrzeug sie sich zulegen. Ihr Auto sollte Ihrer Karrierestufe entsprechen; fahren Sie am besten das gleiche Fabrikat wie das Ihres Vorgesetzten, aber eine Stufe tiefer.

Im privaten Bereich haben Sie bei der Garderobe mehr Freiheit und Auswahl; achten Sie aber darauf, dass Ihre Kleidung für Ihr Lebensgefühl und Ihre Einstellungen steht. Wenn Sie sich als sportlich und dynamisch definieren, sollte Ihr Outfit das genau so widerspiegeln. Denken Sie daran, dass der erste Eindruck oft unauslöschlich ist und dass Sie im Zweifelsfall keine zweite Chance erhalten. Auch im Privatleben sollten Sie daher etwas auf Ihr Äußeres achten.

3.2.3 Wie Sie in der Arbeitswelt beginnen

Wenn Sie neu in eine Runde oder ein Unternehmen kommen, sollte Ihre erste Aufgabe darin bestehen, zuzuhören und zu sondieren. Meist löst es Abwehr aus, wenn ein Neuling sich anschickt, gleich den ganzen Betrieb umkrempeln zu wollen. Ganz gleich, ob es sich um einen Sportverein, eine Gewerkschaftssitzung oder eine neue Abteilung handelt: Sie müssen erst das Terrain sondieren und herausfinden, wie die Strukturen beschaffen sind. Wer sich gleich eine Fehde mit dem „Platzhirsch“ liefert, „graue Eminenzen“ vor den Kopf stößt und Intriganten zur Hochform auflaufen lässt, darf sich nicht wundern, dass seine Tage dort gezählt sind.

Erkunden Sie das neue Feld erst mehrere Wochen lang und seien Sie anfangs äußerst zurückhaltend und diskret. Vertrauen Sie in den ersten Wochen niemandem, und vermeiden Sie es grundsätzlich, über private Dinge zu sprechen. Um nicht als Sonderling oder Exot abgetan zu werden, müssen Sie zwar einige private Kleinigkeiten in die Konversation streuen, aber belassen Sie es bei Banalitäten. Wenn Sie freimütig über Beziehungsprobleme, Finanzierungsschwierigkeiten oder Ihre Sorgen plaudern, wird man dies, wenn sich das Klima in der Abteilung verschlechtert, im Zweifelsfall gegen Sie verwenden. Manche Abteilung entpuppt sich im Nachhinein als freie Wildbahn, als Haifischbecken oder ein vermintes Gelände. Angesichts des hohen Wettbewerbs kämpfen auch scheinbar etablierte Führungskräfte ums Überleben; denn jemand, der mit 45 oder 50 den Stuhl räumen muss, hat selbst bei exzellenter Berufserfahrung auf dem Arbeitsmarkt kaum noch eine realistische Chance. So ist es nicht verwunderlich, dass in manchen Branchen ein erbitterter Kampf um jede Führungsposition tobt.

3.2.4 Wie Sie im privaten Umfeld beginnen

Auch im privaten Bereich werden Sie, um in ein Netzwerk aufgenommen zu werden, erst einige seltsame „Initiationsriten" über sich ergehen lassen müssen. Rechnen Sie damit, dass Sie in dem Verein, dem Sie beigetreten sind, erst einmal Handlangerdienste verrichten müssen. Diese können darin bestehen, dass man Sie bittet, Kaffee zu kochen, Protokoll zu führen oder aufzuräumen. In einer neuen Organisation oder einem Netzwerk sind Sie wieder in der ungewohnten Position des Novizen, den man erst testen und erproben will. Nach einiger Zeit wird man Ihnen auch verantwortungsvollere Aufgaben übertragen, und wenn diese nur darin besteht, auf dem Marktplatz Ihrer Stadt Prospekte zu verteilen. Seien Sie auf der Hut und versuchen Sie herauszufinden, wer in der Gruppe das Sagen hat und den Ton angibt. Versuchen Sie, sich geschickt in die Gruppe zu integrieren und den Erwartungen gerecht zu werden. Sie werden sich in einem Verein oder einer Gruppe nur dann wohl fühlen, wen sie zu Ihnen passt und Ihren

Erwartungen entspricht. Es macht keinen Sinn, sich zu „verbiegen“ oder seine Ansichten zurückzuhalten, da Sie sich in einer solchen Gruppe nie wirklich heimisch fühlen werden. Schon im Beruf ist eine solche Haltung fragwürdig, da Sie langfristig Ihr Potenzial einschränkt und Ihre Selbstverwirklichung beeinträchtigt. Im privaten Bereich sollten Sie auf keinen Fall solche Kompromisse eingehen. Suchen Sie sich die Organisation, das Interessengebiet, den Verein oder die Gruppe, die zu Ihnen passt und Ihnen Freude bereitet. Ihre Freizeit ist schließlich keine Tretmühle, sondern soll dazu dienen, Sie glücklich und zufrieden zu machen.

3.3 Gespräch und Smalltalk

Ein bedeutsamer Teil Ihres Networkings ist das Gespräch, und wer Smalltalk beherrscht, ist überall im Vorteil und kann wertvolle Punkte sammeln. Für manche Zeitgenossen ist die Vorstellung, Smalltalk machen zu müssen, mit einem gewissen Entsetzen verbunden. Vor allem introvertierte Menschen oder Experten sprechen lieber über Fachliches, Projektpläne oder ihre gegenwärtige Lektüre. Sie haben einen nüchternen Zugang und vertiefen sich gerne, möchten Tiefgründiges von sich geben und sachlich diskutieren. Natürlich kann es reizvoll sein, über die neuesten Marketingstrategien in China zu plaudern, sich über Husserls Phänomenologie oder die Vorteile des Customer Relationship Managements zu ergehen. Doch meist besteht das Problem darin, dass Sie Ihren Gesprächspartner damit überfordern. Besonders bei großen Veranstaltungen treffen sehr viele unterschiedliche Menschen aufeinander, so dass es unklug wäre, den Gesprächspartner mit Anspielungen zu überschütten und mit Bildungseifer zu verärgern. Manche reizvolle Beziehung verhindern Sie durch zu viel Direktheit und ein plumpes Auftreten, das den anderen stört. Wer Verdis Opern nicht kennt, wird nur noch betreten nicken und sich sehnlichst nach einem anderen Gesprächspartner umsehen, wenn Sie allzu sehr das Gespräch darauf fixieren. Mancher Zeitgenosse wird ausführliche Gespräche über die Börse ebenso lästig finden wie eine Plauderei über die Fußballbundesliga.

Smalltalk hat die Aufgabe, Gespräche zu initiieren und einen ersten Eindruck zu vermitteln. Wenn Sie Smalltalk naiverweise bisher für eine seichte Plauderei gehalten haben, irren Sie gewaltig. In der Praxis mag man zwar über Parkplatzprobleme sprechen, aber diese Art der Kommunikation findet stets auf zwei Ebenen statt. Während vermeintlich die Parkplatznot in der Frankfurter Innenstadt erörtert wird, geht es in Wirklichkeit darum, den Gesprächspartner einzuschätzen, zu erforschen und einen Kontakt herzustellen. Schon aus kleinsten Gesten und Bemerkungen erhält Ihr Gesprächspartner einen ersten Eindruck, der den Verlauf der weiteren Beziehung maßgeblich beeinflussen kann. Wenn das Gespräch fortschreitet, kann sich durchaus eine ernstere Konversation ergeben. Allerdings können Sie beim ersten Kontakt nicht erwarten, dass sich ein ernst zu nehmender Diskurs über existenzielle Fragen entspinnt.

Sie sollten aber den Smalltalk gezielt nutzen, um eine Beziehung zu knüpfen und den Kontakt herzustellen. Für die meisten Menschen ist der Einstieg am schwierigsten. Haben Sie schon einmal beobachtet, wie bei offiziellen Anlässen irgendwelche Worte gewechselt werden? Was sagt wohl der Nobelpreisträger bei der Fernsehübertragung zum schwedischen König, wenn er ihm die Hand schüttelt? Oder was raunen sich Politiker bei einem offiziellen Anlass zu? Der Einstieg zum Smalltalk erfolgt fast immer mit einem belanglosen, fast schon trivialen Thema. Aber denken Sie daran: Es gilt hier nicht, in Banalitäten zu schwelgen, sondern es handelt sich um die Eröffnungspartie für ein erfolgreiches Networking. Bevor Sie mit dem Smalltalk starten, sollten Sie sich darauf vorbereiten – das gilt besonders für offizielle und berufliche Anlässe. Wenn Sie unsicher sind, legen Sie sich schon ein paar griffige Themen zurecht, die Sie anschneiden können.

In den meisten Fällen wird der Smalltalk mit einer Plauderei über das schlechte oder gute Wetter eröffnet. Würde man eine Party belauschen, dann würden sich wahrscheinlich die meisten Gäste als passionierte Hobbymeteorologen entpuppen. Das Wetter hat als Gesprächsthema den unschlagbaren Vorteil, dass es völlig unverfänglich ist und dass sich wirklich jeder unbefangen an der Konversation beteiligen kann. Auch der Verkehr eignet sich bestens zum Gespräch – seien es die fehlenden Parkplätze, verspätete und überfüllte Züge, unfreundliche Stewardessen oder rote Ampeln.

Weitaus schwieriger ist es dann, den Smalltalk fortzuführen, denn irgendwann muss man ein anderes Thema wählen. Sofern der Gesprächspartner nicht selbst ein neues Thema einbringt, muss man kreativ werden, ehe der Gesprächsfluss in peinlicher Stille versiegt. Bewährt hat sich in solchen Situationen Bezug zum Anlass zu nehmen. Man fragt beispielsweise: „Seit wann sind Sie auf dieser Messe?“, „Wissen Sie, wer als Hauptredner kommt?“ usw.

Beispiele für den Gesprächseinstieg:

- Wie fanden Sie den Vortrag? Finden Sie die Messe interessant? Kennen Sie den Referenten?
  Diese Fragen sind relativ unverfänglich und eignen sich besonders für den Beginn einer Konversation. Versuchen Sie immer an die jeweilige Situation und das Ereignis anzuknüpfen. Dadurch betonen Sie die Gemeinsamkeiten und schaffen eine lockere Gesprächsatmosphäre.
- Möchten Sie etwas trinken?
  Diese Frage ist schon direkter und setzt voraus, dass auch der andere Gesprächsbereitschaft signalisiert. Als Einstiegsfrage sollten Sie diese nur in einem privaten Kontext verwenden.

3.3.1 Tabus beim Smalltalk

Beim Smalltalk gibt es einige Tabus, die Sie unter keinen Umständen verletzen sollten. Lenken Sie das Gespräch niemals auf gesundheitliche Themen. Auch wenn viele ältere Menschen auf der Straße sich oft lange und mit einer gewissen Passion über Ärzte, Krankenhäuser und Behandlungsmethoden unterhalten, ist ein solcher Inhalt sowohl im privaten als auch im beruflichen Bereich wenig beliebt. Niemand möchte wirklich mit den existenziellen Problemen von Krankheit und Tod konfrontiert werden, und selbst auf einem Ärztekongress spricht man vermutlich lieber über Golfturniere und Karibikreisen als über Gesundheitsreformen. Selbst in einem privaten Rahmen in einem Sportverein oder auf einer Singleparty werden Sie mit dem Bekenntnis, dass Sie einen Meniskusriss oder ein Magengeschwür haben, nicht gerade einen vorteilhaften Eindruck hinterlassen.

Ein absolutes Tabu und geradezu ein Sakrileg ist es auch, über Religion zu sprechen. Kaum ein anderes Themengebiet kann eine so heftige Kontroverse oder Polarisierung entfachen wie der persönliche Glaube. Selbst wenn Ihr Gesprächspartner sich einsilbig gibt, wissen Sie nie, wie er wirklich über Ihr Statement denkt. Ein Atheist kann Ihr christliches Engagement als Zumutung empfinden, und ein überzeugter Katholik kann bereits an einer Scheidung Anstoß nehmen. In wohl kaum einem anderen Bereich gibt es so viele mögliche Fauxpas und Fettnäppchen wie im Bereich der Religion. Wenn jemand in einem Smalltalk auf religiöse Fragen eingeht, sollten Sie besser diplomatisch und geschickt das Thema wechseln.

Ebenso wenig eignen sich politische Themen, die häufig zur Befremdung führen können. Wenn Ihr Gesprächspartner ganz anders über Umwelt- oder Sozialpolitik denkt, wird Ihre Kontaktaufnahme sehr schnell deutlich abkühlen. Erst wenn Sie jemanden intensiv kennen, können Sie vielleicht behutsam einige politische Aspekte tangieren, aber dennoch ist im Zweifelsfall eher Vorsicht geboten.

Neben den großen Tabubereichen Religion, Gesundheit und Politik sind aber auch andere Gesprächsthemen gefährliche Klippen, die man meiden und geschickt umschiffen sollte. Entgegen der landläufigen Vorstellung gilt es in manchen Kreisen als unangebracht, nach dem Beruf zu fragen. In einem Unternehmen ist dies nicht der Fall, da man dort die Berufe der Kollegen meistens kennt; aber im privaten Bereich sollte man nicht gleich mit der Tür ins Haus fallen und sich nach dem Beruf erkundigen. Da der Beruf fast immer über den sozialen Status bestimmt, ist die Frage nach dem Beruf meist eine Schlüsselfrage, die zu einer sofortigen, relativ genauen Einstufung der Person führt. Wenn Sie den Beruf eines Menschen kennen, wissen Sie meist, wie viel er verdient, in welchem Milieu er sich bewegt, welche Interessen er hat und über welche Bildung er verfügt. Wenn Sie die Beziehung vertieft haben, können Sie eventuell auf Umwegen nach dem Beruf fragen.

Was Sie auf keinen Fall tun sollten: Äußern Sie sich besser nicht zu fachspezifischen Aspekten. Erzählen Sie nicht dem Arzt, wie viele Nebenwirkungen Medikamente haben – er weiß es in der Regel besser. Schildern Sie einem Architekten nicht, wie unsinnig manche Baumaterialien sind. Er wird es aus seiner Praxis kennen. Wenn Sie Fachthemen erörtern, bei denen Sie selbst nicht Experte sind, machen Sie sich vor Fachleuten unmöglich. Mit peinlicher Betretenheit wird der Gesprächspartner Ihren Ausführungen folgen und Sie entweder als unwissenden Laien oder als Angeber abtun. Sie haben als Anfänger nie die Chance, auf einem Fachgebiet etwas qualitativ Anspruchvolles zu sagen. Verzichten Sie lieber auf solche Experimente, die Ihnen nur schaden.

Auch gilt es als absolut unhöflich, Experten kostenlos während ihrer Freizeit konsultieren zu wollen. Fragen Sie also den Arzt auf einer Party oder einer Tagung nicht, woher der Schmerz in ihrer Nierengegend rührt, und verlangen Sie von dem Steuerberater keine Auskunft über die Erbschaftssteuer. Natürlich können Sie ihm ankündigen, dass Sie bei seiner Sekretärin um einen Termin bitten werden, und vielleicht entspinnt sich bei dieser Gelegenheit sogar ein ausführliches Gespräch über Ihr Anliegen. Aber im Regelfall sollten Sie die Freizeit oder den Anlass respektieren und von Fachleuten nicht eine persönliche Beratung einfordern. Auch ausufernde Gespräche über Fachliches, über wissenschaftliche Detailfragen oder Abteilungs- und Unternehmensinterna zeugen nicht gerade von Höflichkeit und Welterfahrenheit. Manche Führungskräfte flechten in ihre Gespräche, die man eher als Belehrung oder Fachsimpelei bezeichnen müsste, kryptische Kürzel ein, die niemand außer eingefleischten Betriebsangehörigen kennt. Projektdetails werden genüsslich ausgewälzt und auf Personen und Abteilungsleiter Bezug genommen, als gehörten diese zur Weltelite, über die die Tageszeitung täglich berichtet. So wenig Fein- und Taktgefühl verhindern dann meist ein erfolgreiches Networking.

Denken Sie immer daran, dass jedes Gespräch auf Wechselseitigkeit beruht. Beobachten Sie Ihr Gegenüber und erfassen Sie sofort, wenn jemand Langeweile oder Müdigkeit signalisiert. Machen Sie es nicht wie manche Unverbesserliche, die häufig gewohnheitsmäßig mit lauter Stimme deklamieren und vor einem fast imaginären Publikum sprechen.

Damit Ihr Smalltalk nicht zu sehr ins Allgemeine und Unverbindliche abgleitet, müssen Sie ihm eine persönliche Note geben. Denn niemand wird sich nach dem zwanzigsten Gespräch über das schlechte Wetter noch an Sie erinnern. Im Marketing verwendet man beispielsweise ein Alleinstellungsmerkmal, um einem Produkt einen Vorteil zu verschaffen. Diese Strategie können Sie sich auch im Networking zunutze machen. Hierbei gilt es, genau abzuwägen, denn wenn Sie zu viel Persönliches am Anfang preisgeben, kann Ihnen das schaden; denn Sie wissen nie, ob Ihr Gesprächspartner Ihnen wohl gesonnen ist und wie er diese Information verwertet.

Auf der anderen Seite benötigen Sie etwas, woran sich Ihr Gesprächspartner auch nach langer Zeit noch erinnert. Sie müssen also etwas finden, das Sie ungewöhnlich oder einzigartig macht, was aber eigentlich nichts von Ihrer Privatsphäre preisgibt. Das ist am leichtesten möglich, wenn Sie ein unverfängliches Thema anschneiden, das sich auch auf ein Hobby beziehen kann. Wenn Sie zum Beispiel in das Gespräch einflechten, dass sich Ihre Tochter zu Weihnachten eine Katze wünscht, dann kann dies in eine vergnügliche Unterredung münden. Denn zu diesem Thema können fast alle Menschen etwas beitragen. Vielleicht erwähnen Sie, dass Sie sich vor kurzem ein Haus gekauft haben oder Urlaub auf Kreta gemacht haben.

Sie sollten beachten, dass manche Hobbys sich als Thema im beruflichen Bereich nicht eignen. Wenn Sie Bungee-Jumping oder American Football praktizieren, sollten Sie dies eher verschweigen. Ihr Arbeitgeber oder Vorgesetzter wird sofort vermuten, dass Sie verletzungsanfällig sind und deshalb möglicherweise längere Zeit ausfallen. Es hinterlässt einen merkwürdigen Eindruck, wenn ein Hauptabteilungsleiter sich im Smalltalk ausführlich über Fußball unterhält. Zwar beteuern Fans oft, wie sehr die Sportart inzwischen salonfähig geworden sei, aber immer noch sprechen die soziologischen Befunde eine andere Sprache. Auch wenn niemand offiziell über Ihre Fußballkenntnisse schmunzelt, so können Sie sicher sein, dass Sie die „gläserne Decke“ des Topmanagements nie durchbrechen werden. Vornehmes Verhalten besteht darin, die Fauxpas und Fehltritte anderer Leute diskret zu übersehen und zu ignorieren, sie sich aber zu merken und bei passender Gelegenheit zu verwenden. Wenn Sie Sport praktizieren, müssen Sie sich leider auf die akzeptierten Sportarten beschränken, zu denen Golf, Tennis oder allenfalls Hand- oder Basketball gehören. Auch Radfahren und Schwimmen wird man gutheißen.

Dass aber Topmanager sich dem Boxen verschreiben oder Bodybuilding betreiben, gibt es mehr in den USA, wo Wallstreet-Broker Boxen als Fitnesstraining entdeckt haben. Ob es sich dabei aber um Topmanager mit großen Karriereaussichten handelt, mag bezweifelt werden. Sie werden sagen, dass dies doch bei einer Karriere keine Rolle spielen könne. Sie sollten daran denken, dass der Weg bis an den Gipfel der Karriere weit ist, und je höher Sie aufsteigen, desto dünner wird die Luft. Je höher Ihr Status ist, desto stärker müssen Sie sich an die allgemein üblichen Normen und die ungeschriebenen Regeln einer Topkarriere halten. Ansonsten fallen Sie sehr schnell durch das Raster. Natürlich wird niemand Ihre Bewerbung auf den Hauptabteilungsleiterposten abschlägig bescheiden, weil Sie langjähriger Fan des FC Bayern sind oder in Ihrer Freizeit Briefmarken sammeln. Aber letztlich entscheidet der Gesamteindruck und die Frage, ob Sie die informellen Normen im Großen und Ganzen befolgt haben. Nur durch herausragende Leistungen werden Sie nie eine glänzende Karriere machen – in solchen Fällen werden Sie nur eine Fachlaufbahn mit regelmäßigen Beförderungen durchlaufen. Um eine große Karriere zu machen, müssen Sie in der Regel die richtigen Entscheidungen treffen und Ihren Lebensstil an den Erwartungen Ihres sozialen Umfelds ausrichten.

Eine wichtige Komponente bei einem erfolgreichen Smalltalk sind Komplimente. Fast jeder Mensch mag Lob, und es verwundert, dass es vielen Menschen schwer fällt, etwas Nettes zu sagen oder jemanden anzuerkennen. Häufig wird es als Lobhudelei abgetan, und Opportunisten sind berüchtigt, dass sie den Vorgesetzten nach dem Mund reden und ihr Fähnchen nach dem Wind hängen. Dennoch sollten Sie eine Atmosphäre des Lobs kultivieren; denn kaum etwas schafft mehr Verbundenheit und Anerkennung. Jedes erfolgreiche Networking besteht auch aus aufrichtigen Komplimenten.

Obgleich es auf den ersten Blick leicht erscheinen mag, Komplimente zu vergeben, ist es in der Praxis ein überaus schwieriges Unterfangen, das viel diplomatisches Geschick voraussetzt. Hüten Sie sich davor, plumpe Schmeicheleien von sich zu geben. Auch wenn fast alle Menschen für solche verbalen Liebkosungen empfänglich sind und sich dies selbst fast nie eingestehen, kann ein allzu plakatives Schmeicheln Ihnen den Ruf eintragen, ein Opportunist zu sein. Ihr Lob darf niemals in eine unglaubwürdige Lobestirade ausarten. Je authentischer Ihr Kompliment ist, desto besser wird es bei Ihrem Gesprächspartner ankommen.

Wenn Sie **Komplimente** machen, sollten Sie bestimmte **Grundregeln** beachten:

- Ein Kompliment sollte aufrichtig sein. Ihr Gegenüber spürt, ob Sie es ehrlich meinen oder ob Sie nur aus Berechnung handeln.
- Auch bei Menschen, die Sie nicht mögen oder die Ihnen grundsätzlich unsympathisch sind, können Sie nach einigem Überlegen etwas Gutes und Lobenswertes finden.
- Besonders effektiv ist Ihr Kompliment, wenn Sie den „Knackpunkt" bei einem Menschen finden. Einem Spitzenchirurgen zu erzählen, er sei ein hervorragender Arzt, ist immer ein gewagtes Experiment. Zum Einen wird der betreffende Experte, wenn er über eine realistische Selbsteinschätzung verfügt, dies selbst wissen; zum anderen wird er bezweifeln, ob Sie als Laie dies überhaupt beurteilen können. Ihr vermeintlich gut gemeintes Lob zielt ins Leere und könnte gar als billige Schmeichelei bewertet werden. Sie werden auch bei diesem Arzt kaum punkten können, denn wer jeden Tag zu hören bekommt, welche Glanzleistungen er vollbringt, stumpft gegen solche Komplimente irgendwann ab. Zwar verfehlt kaum ein Kompliment seine Wirkung, auch wenn es sehr subtil ist, aber es ist besser, wenn Sie einen lobenswerten Aspekt finden, den bisher niemand gewürdigt hat. Natürlich sind die meisten Menschen stolz darauf, Höchstleistungen zu erbringen oder im Beruf ihr Bestes zu geben, aber da dies offensichtlich ist, nutzt sich ein solches Allerweltskompliment sehr schnell ab und zeugt zudem von Einfalls-

losigkeit. Wesentlich erfolgreicher sind Sie, wenn Sie einen Punkt erkennen, auf den jemand wirklich stolz ist. Dies setzt allerdings voraus, dass Sie ein gutes Gespür für Menschen haben. Der Chefarzt weiß mit Sicherheit, dass er ein ausgezeichneter Chirurg ist, aber wer hat jemals gewürdigt, dass er außerdem hervorragend surfen kann? Vermeintlich nebensächliche Dinge können einem Menschen sehr viel bedeuten, und da noch niemand ein Lob auf diesem Gebiet ausgesprochen hat, sind Sie gleichsam Pionier. Jemand, der sich in seiner Freizeit jahrelang mit den Azteken beschäftigt hat oder ein passionierter Segelflieger ist, wird es besonders zu schätzen wissen, wenn Sie ihm Lob und Anerkennung zuteil werden lassen. Versuchen Sie herauszufinden, was die Augen eines Menschen sprichwörtlich zum Leuchten bringt. Oft sind es weniger die offenkundigen beruflichen Erfolge, sondern die kleinen Nebensächlichkeiten, die Ihrem Gesprächspartner bedeutsam sind.

- Sie finden viel schneller Zugang zu einem Menschen, wenn Sie herausfinden, was ihm wichtig ist. Beobachten Sie Ihr Gegenüber. Manche Menschen sind besonders stolz auf ihre Kinder, ihr Haus oder ihr Auto. Vielleicht hat die Frau, mit der Sie sich unterhalten, viel Mühe auf ihr Makeup verwendet oder sie hat eine neue Frisur. Vielleicht trägt sie einen modischen Ring oder eine elegante Armbanduhr.

Ebenso schwierig, wie einen Smalltalk zu eröffnen, ist es, ihn geschickt und diplomatisch zu beenden. Versuchen Sie es mit verschiedenen Strategien. Sie können beispielsweise ausrufen: „Dort sehe ich gerade Herrn Müller; ich muss ihn kurz sprechen. Entschuldigen Sie mich bitte." Bisweilen aber wird diese Vorgehensweise als schroff empfunden. Brüskieren Sie auf keinen Fall Ihr Gegenüber. Besser und ratsamer ist es, den Smalltalk in eine Schlussphase zu überführen, indem Sie Ihrem Gesprächspartner Ihre Visitenkarte mit folgenden Worten überreichen: „Wir sollten in Kontakt bleiben. Darf ich Ihnen meine Visitenkarte überreichen." Nachdem Ihnen Ihr Gegenüber seine Visitenkarte überreicht hat, verabschieden Sie sich höflich. Denkbar wäre auch, zu Ihrem Gesprächspartner zu sagen: „Ich glaube, man erwartet von uns, dass wir uns auch mit den anderen unterhalten. Es war nett,

Sie kennen zu lernen. Vielleicht sehen wir uns wieder einmal." Diese Version ist aber nur dann sinnvoll, wenn Sie es Ihnen gelingt, die Worte freundlich und höflich zu formulieren. Am elegantesten und sinnvollsten ist es, wenn Sie mit Ihrem Gesprächspartner gleichsam „on Tour" gehen und während des Events zirkulieren. Sprechen Sie noch andere Besucher an und bilden Sie eine Gruppe; dann können Sie Ihren bisherigen Gesprächspartner anderen vorstellen und so eine neue Konversation einleiten. Unterdessen ziehen Sie diskret weiter und sprechen andere Personen an. Diese Strategie ist mit Abstand die beste, setzt aber voraus, dass Sie sehr kommunikativ sind und leicht Kontakte knüpfen können. Da Sie aber Networking jeden Tag geübt haben, dürfte Ihnen diese Vorgehensweise wohl nicht schwer fallen.

3.3.2 Einfluss gewinnen

Einfluss ist eine wichtige Größe bei Ihrem beruflichen und privaten Erfolg. Auch wenn es Ihnen rätselhaft erscheint, wie andere Menschen an Status, Bedeutung und Prestige gewinnen, es ist für jeden machbar. Als erstes sollten Sie sich überlegen, in welchen Bereichen und Sektoren Sie eine bedeutendere Rolle spielen möchten. Liegt Ihnen vor allem Ihr privater Bereich am Herzen? Oder möchten Sie sich auf das berufliche Umfeld konzentrieren?

Übung – Mehr Einfluss gewinnen: Schreiben Sie mindestens fünf Bereiche auf, in denen Sie mehr Einfluss ausüben wollen. Beschreiben Sie genau, um welchen Sektor es sich handelt. Wollen Sie in Ihrer Abteilung besser dastehen? Oder wollen Sie im Sportverein mehr Ansehen genießen? Was bedeutet es für Sie, mehr Einfluss zu haben? Notieren Sie, woran Sie erkennen, dass Sie mehr Einfluss haben. Haben Sie mehr Entscheidungsbefugnisse? Beziehen Sie ein höheres Gehalt und bekleiden Sie eine höhere Position? Hat man Ihnen ein neues Projekt und mehr Verantwortung übertragen?

Um mehr Einfluss zu gewinnen, müssen Sie taktisch und strategisch vorgehen. Im beruflichen Bereich gibt es hierzu einige wichtige Grundregeln, die Sie unbedingt beherzigen sollten:

- **Seien Sie präsent.** Auch wenn es banal erscheinen mag: Wer nicht vor Ort ist, wird übersehen oder schnell an den Rand gedrängt. Deshalb ist es besonders für Berufsanfänger und Trainees von entscheidender Bedeutung, dass sie präsent sind. Es ist übrigens ein Ammenmärchen, dass Erfolgsmenschen härter und ausdauernder arbeiten als andere. Sie arbeiten nur strategischer und effizienter. Sie sollten daher als Anfänger ein paar Überstunden machen und länger im Büro anwesend sein als Ihre Kollegen, damit man Sie als fleißigen und ausdauernden Mitarbeiter wahrnimmt.

- **Seien Sie dort, wo die Welt tanzt.** Große Karrieren beginnen nicht in der „kleinen Welt" eines Dorfes oder der Provinz. Wenn Sie große Ambitionen hegen und sich nicht mit etwas Zweitklassigem zufrieden geben möchten, müssen Sie dort sein, wo der Erfolg residiert. Wenn Sie in einer kleinen Filiale Ihres Unternehmens arbeiten, wird es eine mühsame Ochsentour werden, bis Sie ins Machtzentrum vordringen. Viel besser ist es, Sie beginnen gleich in der Zentrale – dort, wo auch die Geschäftsführer und Vorstände sind, die Sie in Ihrer Karriere fördern können. Wollen Sie ein bedeutender Künstler werden, eine gefeierte Schauspielerin oder ein großer Star, dann gehen Sie dorthin, wo die Welt sich selbst feiert. Seien Sie auf den angesagtesten Partys und suchen Sie die Orte auf, an denen man die große, mondäne Kunst zelebriert. Genießen Sie den Lichterglanz von Metropolen wie Berlin, Paris, Amsterdam, London und New York. Verstecken Sie Ihre Talente nicht in der Provinz. Nur im Zentrum der Macht werden Sie die notwendige Förderung bekommen und eine überragende Karriere machen können. Die Provinzfürsten können Sie nur bis zu einer gewissen Ebene führen, und es ist nicht jedermanns Sache in einer abgelegenen Niederlassung zu „versauern", auch wenn Sie dort den höchsten Posten bekleiden. Wie wichtig diese Regel ist, erkennen Sie daran, dass Sie nur an solchen Epizentren des Erfolgs die Menschen kennen lernen, die Ihnen weiterhelfen können. Zwar ist Deutschland im Vergleich zu manchen anderen Ländern wie Frankreich weitgehend dezentralisiert, aber dennoch bündeln sich an bestimmten Orten die Karriere- und Erfolgschancen. Trotz dem Internet und moderner Kommunikationsmöglichkeiten können letztlich nur persönliche Kontakte ein Netzwerk stärken und bereichern.

- **Beachten Sie den Sympathiefaktor.** Wenn die Chemie zwischen Ihrem Vorgesetzten und Ihnen nicht stimmt, werden Ihnen alle Kommunikationsstrategien nichts nützen. In einem solchen Fall ist es besser, Sie wechseln Ihren Arbeitsplatz, denn Sie vergeuden in einem solchen Unternehmen nur wertvolle Zeit. Suchen Sie sich ein Unternehmen heraus, wo Sie sich voll entfalten können. Sympathie ist dabei ein wichtiger Faktor, denn die Menschen, die Sie unterstützen, können Ihnen zu einer großen Karriere verhelfen. Sympathie entsteht durch einen Gleichklang zwischen zwei Menschen, durch gemeinsame Werte und Ansichten. Sympathie lässt sich weder erzwingen noch durch Tricks und Finessen herbeiführen. Opportunisten, die sich bei Ihnen einschmeicheln, werden Sie sofort fallen lassen, sobald Ihre Karriere ins Stocken gerät. Es ist deshalb besser, Sie haben Menschen, auf die Sie sich hundertprozentig verlassen können, anstelle von windigen und listenreichen Verbündeten, die Ihnen die Loyalität nach dem kleinsten Misserfolg aufkündigen.
- **Einfluss ist diskret.** Wirklich einflussreiche Menschen verhalten sich diskret; nur Möchtegern-Despoten erscheinen mit Maserati und Gefolge. Je mehr Macht und Einfluss jemand hat, desto mehr wird er souverän und zurückhaltend auftreten. Der Begriff „graue Eminenz“ verdeutlicht das. Ein allzu plumpes und statusbezogenes Gehabe verrät immer den Unsicheren, der sein mangelndes Selbstvertrauen durch überzogene Geltungssucht zu kompensieren bemüht ist. Die meiste Macht bündelt sich in unscheinbaren Netzwerken, die aber für Außenstehende fast unzugänglich sind. Nicht nur die berüchtigten „Old Boys“ in den oberen Führungsetagen, die sich bereits vom Internat oder von der Universität her kennen, bilden ein festes Netzwerk, sondern auch einzelne Gruppierungen in Parteien, Verbänden und Organisationen. Um wirklich beruflich eine große Karriere zu machen, müssen Sie über hervorragende Networking-Fähigkeiten verfügen und zur richtigen Zeit am richtigen Ort sein. Versuchen Sie im Alltag zwischen Menschen zu unterscheiden, die nur bluffen und wenig Einfluss geltend machen können, und solchen, die tatsächlich im Zentrum der Macht agieren.

3.4 Systematische Kontaktpflege

Ihre Networking-Aktivitäten werden nur dann von Erfolg gekrönt sein, wenn Sie die Kontaktpflege systematisch handhaben und sie als ein Projekt betrachten. Dies gilt sowohl für den beruflichen als auch für den privaten Bereich. Der erste Schritt, den Sie machen sollten, besteht darin, Ihre Networking-Ziele genauer zu definieren.

Übung – Definieren Sie Ihre Networking-Ziele: Nehmen Sie Ihr Networking-Heft, und schreiben Sie sich die Ziele auf, die Sie mit Ihrem Networking erreichen möchten. Untergliedern Sie sie in die Bereiche „Privates" und „Berufliches" und fächern Sie diese Sektoren noch weiter auf. So können Sie Ihren Privatbereich beispielsweise weiter in „Beziehungen", „Freundschaften" und „Hobbys" aufteilen. Auch im beruflichen Bereich lassen sich Unterkategorien bilden. Ihre Ziele sollten so präzise und konkret wie möglich formuliert werden.

Nehmen wir einmal an, Sie möchten in Ihrem Unternehmen oder in einer Organisation Hauptabteilungsleiter werden. Wichtig ist es, dass Sie Ihr Ziel konkret und greifbar formulieren. Dann sollten Sie einen Termin festlegen; denn Ziele ohne ein klares Zieldatum sind nur Verlautbarungen, Wunschträume oder Vorsätze, die nie in die Realität umgesetzt werden. Wenn Sie zu einem Ziel kein eindeutiges Datum nennen können, haben Sie womöglich Zweifel, ob Sie dieses Ziel wirklich erreichen wollen oder Sie zögern, weil Sie das Ziel für unrealistisch halten. Wenn Sie den Eindruck haben, dass Sie das Ziel nicht wirklich wollen, dann sollten Sie noch einmal Ihre Ziele überprüfen. Bedeutet Ihnen das Ziel etwas? Würden Sie das Ziel auch noch für erstrebenswert halten, wenn Sie reich wären oder nur noch zwei Jahre zu leben hätten?

Falls Sie insgeheim glauben, dass Ihr Ziel unerreichbar sei, dann sollten Sie nicht vorzeitig aufgeben, insbesondere wenn Sie sich sehr mit dem Ziel identifizieren und es Ihnen viel bedeutet. Durch geschicktes Projektmanagement lassen sich auch vermeintlich unrealistische Ziele erreichen. Unterschätzen Sie niemals Ihre Fähigkeiten.

In einem zweiten Schritt sollten Sie festlegen, wie groß Ihre Netzwerke sein sollten und wer die Zielpersonen sind. Geübte und versierte Networker kommen auf Netzwerke mit über 500 Personen, und in manchen Berufen ist es unerlässlich, noch mehr Menschen zu kennen – dies gilt vor allem für Politiker. Dennoch können Sie auch großen Erfolg haben, wenn Ihr engmaschiges Netzwerk nur 10 oder 20 Personen umfasst.

Wie überall im Leben hat die Qualität einer Beziehung Vorrang vor der Quantität. Es kommt nicht so sehr darauf an, wie viele Menschen Sie kennen, sondern wen Sie kennen. Dennoch steigt natürlich mit der Zahl der Kontakte die Wahrscheinlichkeit, dass Ihnen der Mensch begegnet, der Sie beruflich weiterbringt oder Ihnen zum Glück verhilft. Es gibt die so genannte Hunderterregel, die im beruflichen und privaten Bereich gilt. Sie müssen circa 100 Menschen kontaktieren, ehe Sie die eine Person finden, die Ihren Wunschvorstellungen vollständig entspricht. Das ist sicherlich mühsam, vor allem wenn Sie noch wenig Erfahrung mit dem Networking haben. Aber Sie werden sehen: Bereits nach zehn Kontakten nimmt Ihr Selbstvertrauen enorm zu, so dass es Ihnen bald sehr leicht fällt, noch mehr Kontakte zu knüpfen.

Übung – Legen Sie Ihre Zielpersonen fest: Auch wenn Sie im Augenblick noch nicht genau wissen, wer Ihre Zielperson ist, sollten Sie sich dennoch ausführlich Gedanken zu diesem Punkt machen. Denn Ihre Chance, mit dem Networking Erfolg zu haben, steigt überdurchschnittlich an, wenn Sie Ihre Zielgruppe oder Zielperson einigermaßen genau beschrieben haben. Die notwendige Genauigkeit hängt von Ihrem Networking-Projekt ab. Wenn Sie in Ihrem Unternehmen aufsteigen wollen, werden Sie meist sehr genau wissen, welche Personen Ihnen dazu verhelfen können. Hier reicht es, wenn Sie die Namen notieren.

Wenn Sie eine Beziehung suchen oder Ihren Freundeskreis erweitern wollen, können Sie natürlich keine Namensliste erstellen, es sei denn, Sie haben schon jemanden ins Auge gefasst. Im Regelfall aber werden Sie nur verschwommene Vorstellungen haben, wer dafür in Frage kommt. Hierbei empfiehlt es sich, zwei Aufgaben zu machen: Sie müssen erstens Ihre gewünschte Zielperson so realistisch wie möglich beschreiben. Zweitens müssen Sie festlegen, wo Sie diese Person finden können.

Die Beschreibung Ihrer Zielperson sollte möglichst genau Ihren Vorgaben und Wünschen entsprechen. Machen Sie keinerlei Zugeständnisse. Je besser Sie wissen, wen Sie suchen, desto größer ist Ihre Chance, diese Person auch zu finden. Auf den ersten Blick mag dies unsinnig erscheinen, da Sie dadurch den Kreis der möglichen Kandidaten enorm einengen und beschränken. Doch wesentlich weniger sinnvoll und ratsam ist es, wenn Sie nur nach irgend jemandem suchen und gleichsam im Nebel der Netzwerke stochern. Sie müssen sich auf einen bestimmten Personentyp fokussieren. Dennoch sollten Sie offen bleiben und auch mit anderen Menschen Kontakte knüpfen, selbst wenn Ihre Zielperson sich nicht dort befindet. Betrachten Sie es einfach als eine wertvolle Übung, um Ihre Networking-Fähigkeiten auszubauen und zu verbessern. Häufig sind Menschen, die nicht in Ihr Raster passen, interessante Begegnungen, die sich als Multiplikatoren erweisen können; denn immer kennen diese Personen andere, die vielleicht Ihre Kriterien erfüllen. Engen Sie Ihr Radar nicht zu sehr ein, sondern halten Sie auch an den Rändern Ausschau.

Bei der Definition Ihrer Zielperson sollten Sie – je nach Projekt – mehr oder minder umfassende Eigenschaften auflisten. Wenn Sie eine Beziehung eingehen wollen, sollten Sie möglichst viele **Kriterien** benennen. Hierzu gehören beispielsweise:

- Aussehen
- soziale Herkunft, Ausbildung, Studium, Beruf, Region
- Interessen, Hobbys, Engagement
- Einstellungen und Werte

Wenn Sie eine Beziehung anstreben, können Sie auch, sofern Sie gut zeichnen können, ein Bild Ihrer Traumperson anfertigen oder eines aus einer Illustrierten ausschneiden. Denken Sie aber daran, dass Aussehen allein noch keine stabile Beziehung ausmacht. Auch der oft gehörte Ausspruch „Gegensätze ziehen sich an“ stimmt häufig nur zu Beginn einer Beziehung; im Laufe des Alltags können Gegensätze schnell zu einem Ende einer Freundschaft führen, da die konträren Auffassungen dann deutlich hervortreten und zu endlosen Konflikten führen. Die stabilsten Beziehungen ergeben sich eher aus einem Gleichklang der Interessen und einer Übereinstimmung der Werte. Je mehr die Person ähnliche Werte, Einstellungen und Ideale hegt wie Sie selbst, desto größer ist die Chance, dass Sie harmonieren. Nur in Hollywood-Filmen heiratet das arme Blumenmädchen den Millionär, und der pingelige Buchhalter findet Gefallen an der chaotischen Taxifahrerin.

Schreiben Sie deshalb alle Eigenschaften lückenlos auf, die Sie sich wünschen. Beschränken Sie sich nicht auf das Aussehen, sondern listen Sie auch mindestens zehn Werte auf, die Ihnen wichtig sind. Zählen Sie Interessen auf, die die gesuchte Person haben sollte. Wenn Briefmarken sammeln Ihre große Leidenschaft ist, sollten Sie jemanden suchen, der dieses Steckenpferd mit Ihnen teilt. Wenn Sie gerne Ski fahren gehen, wäre es durchaus sinnvoll, bei Ihrem zukünftigen Partner eine ähnliche sportliche Begeisterung zu erwarten. Sicher können Sie auch einen Traumpartner finden, der andere Hobbys verfolgt oder sich für andere Interessengebiete begeistert. Aber dennoch ist Ihre Chance größer, eine zufriedene Beziehung zu führen, wenn viele Bereiche Ihres Lebens sich zusammenfügen oder übereinstimmen.

Bei der Suche nach Freundschaften oder Bekanntschaften brauchen Sie keine so hohen Kriterien anzulegen wie bei einer festen Beziehung. In diesen Netzwerken spielen vor allem Werte und Einstellungen eine große Rolle. Manche Seilschaften zeichnen sich dadurch aus, dass Sie nur Kandidaten mit einem bestimmten „Stallgeruch“ aufnehmen. In diesen Netzwerken spielen Ihre Ansichten, Meinungen und Weltanschauungen eine große Rolle. Sie werden sich bei der freiwilligen Feuerwehr in einem kleinen Dorf nicht wirklich wohl fühlen, wenn Sie es gewohnt sind, in einem Münchener Golfclub Konversation zu pflegen. Je krasser die Unterschiede im Lebensstil und in den Ansichten sind, desto größer ist die Wahrscheinlichkeit, dass Ihre Networking-Aktivität scheitern wird.

Übung – Definieren Sie Ihr Suchfeld: Es gibt gleichsam eine Topographie des Erfolgs, d.h. wenn Sie am falschen Ort nach Ihrer Zielperson suchen, werden Sie diese nie finden. Sie müssen klären, wo Sie suchen müssen. In den meisten Fällen werden Sie zumindest eine ungefähre Vorstellung haben, wo Sie die betreffende Person finden könnten. Obwohl dies einfach klingt, scheitern viele Menschen an diesem Punkt. Sie ignorieren nämlich die Hunderterregel. Es gibt unzählige Menschen, die glauben, sie könnten einfach keine Beziehungen knüpfen oder sie seien zu ungeschickt und unbeholfen. Manche werfen sich vor, sie seien zu schüchtern, zu zurückhaltend oder zu uninteressant und geben auf. Falls Sie dieses Problem betrifft: In Wirklichkeit können Sie genauso hervorragend und erfolgreich wie andere networken. Ihr tatsächliches Problem besteht nicht darin, dass Sie schüchtern, neurotisch, kontaktunfähig, zu sachlich oder sonst etwas sind, sondern das eigentliche Problem liegt woanders: Sie haben zu wenig Chancen, jemanden kennen zu lernen.

Bedenken Sie, dass Sie mindestens hundert (!) Menschen kennen lernen müssen, um die Person zu finden, die Ihnen zum Erfolg verhilft oder mit der Sie eine Traumbeziehung eingehen können. Es ist nicht Ihre Schüchternheit oder Ihre vermeintlich mangelnde Fähigkeit, sich im Smalltalk zu ergehen, sondern schlicht und einfach der Mangel an Gelegenheit, neue Menschen kennen zu lernen.

Manche Menschen begeben sich sogar in Therapie oder unterziehen sich einem Kommunikationstraining, um besser Kontakte knüpfen zu können. Aber solche Versuche sind meist wenig erfolgversprechend, denn die Hauptursache liegt darin, dass sie zu wenig Kontakte haben. Die meisten Kontaktstörungen könnte man ganz einfach beheben, wenn die Betroffenen am richtigen Ort suchten.

Die Wahl des richtigen Ortes hat daher für Ihren Erfolg eine herausragende Bedeutung. Sie können alles andere falsch machen und dennoch den richtigen Menschen finden, aber wenn Sie am falschen Ort suchen, werden Ihre Bemühungen niemals erfolgreich sein.

So finden Sie Ihren Ort:

- Im beruflichen Bereich sollten Sie die Schlüsselpersonen im Unternehmen identifizieren, die für Ihren Aufstieg und Ihre Karriere maßgeblich sind. Falls Sie einen Wechsel vornehmen wollen, überlegen Sie sich, welche anderen Führungskräfte Ihnen weiterhelfen könnten. Um solche Kontakte auszubauen, sollten Sie herausfinden, an welchem Ort Networking am sinnvollsten ist. Im beruflichen Bereich empfiehlt es sich, einem entsprechenden Verband beizutreten. Nehmen Sie regelmäßig an Fachtagungen und Kongressen teil. Halten Sie dort auch Referate, und sprechen Sie mit möglichst vielen Teilnehmern. Beteiligen Sie sich an Diskussionen, schreiben Sie Beiträge und tauschen Sie Visitenkarten aus. Versuchen Sie, mit einzelnen Teilnehmern informelle Gespräche in einem Café oder in einem Tagungshotel aufzunehmen. Autoren von Fachbeiträgen können Sie beispielsweise ein wohlwollendes Feedback über E-Mail zukommen lassen und so allmählich den Kontakt ausbauen.
- Um die für Sie wichtigen Führungskräfte kennen zu lernen, sollten Sie alle Register ziehen. Beschränken Sie sich nicht nur

auf fachliche Veranstaltungen wie Messen und Tagungen, sondern halten Sie auch in politischen Parteien, in Sportvereinen und bei kulturellen Events Ausschau. Nutzen Sie ebenso das Internet, um Kontakte gezielt zu erweitern. Schreiben Sie Beiträge in Fachzeitschriften, und profilieren Sie sich als Experte.

- Im privaten Bereich sollten Sie anhand Ihrer Suchkriterien den richtigen Ort für Ihre Suche lokalisieren. Wenn Sie sich für Mountainbiking begeistern, dann sollten Sie Ihren Traumpartner in einem Sportverein suchen, wo diese Sportart angeboten wird oder einen entsprechenden Kontakt in den geeigneten Internetforen suchen. Versuchen Sie, möglichst genau zu erfassen, wo sich die Person aufhalten könnte, die Sie suchen. Wenn Sie für Rockmusik schwärmen, suchen Sie ein Rockfestival auf. Wenn Sie chinesisches Essen lieben, dann belegen Sie doch einfach einmal einen Kochkurs an der Volkshochschule. Wenn Sie sich für den Umweltschutz engagieren, dann besuchen Sie einen Vortrag oder treten einer Umweltschutzorganisation bei. Solche indirekten Kontakte haben einen enormen Vorteil: Bei der Suche nach Ihrer Zielperson oder Ihrem Traumpartner geraten Sie nicht unter Druck. An der Volkshochschule oder in einem Sportverein können Sie die Sache viel entspannter und gelassener angehen. Sie haben Zeit und können ganz unverbindlich und lässig mit anderen plaudern. Singleveranstaltungen und -partys haben den großen Nachteil, dass der Erwartungsdruck enorm ist. Sie müssen sich sozusagen vor den Augen einer großen Menge beweisen. Jeder möchte bei einer Singleparty als Gewinner dastehen, und der entstehende Leistungsdruck ist beachtlich. Frustrationen und Enttäuschungen sind vorprogrammiert, da die Notwendigkeit, möglichst schnell einen Kontakt herzustellen, zu Kompromissen führt, die sich langfristig nicht bewähren. Solche Beziehungen scheitern sehr schnell oder werden schon im Vorfeld aufgegeben. Das populäre Speed Dating, bei dem man nur fünf Minuten hat, um einen neuen Partner kennen zu lernen, beschleunigt dieses Tempo noch. Die Erfolgsaussichten sind trotz aller Versprechungen gering. In der Alltagspraxis dauert es mehrere Wochen, bis eine Beziehung die nötige Stabilität gewonnen hat. Der Prozess des Kennenlernens vollzieht sich allmählich in kleinen Schritten, und so ist es nicht verwunderlich, dass die meisten Ehepartner sich entweder im näheren Freundeskreis oder am Arbeitsplatz kennen lernen. Geben Sie sich nicht der Illusion hin, man könnte in fünf Minuten den Partner fürs Leben finden. Networking ist immer eine zeitaufwändige Arbeit, die viel Engagement und Geduld erfordert.

Denken Sie daran, dass Sie mindestens 100 Kontakte machen müssen, um die richtige Person zu finden. Seien Sie daher großzügig bei der Auswahl Ihrer Orte. Suchen Sie nicht nur im Sportverein, sondern machen Sie es sich zur Pflicht, mindestens viermal in der Woche systematisch Networking zu betreiben. Halten Sie die Termine in Ihrem Kalender fest.

Viele Menschen vernachlässigen solche Aufgaben und jammern bereits nach einigen Tagen, sie könnten keine greifbaren Ergebnisse erzielen oder die Methode funktioniere für sie nicht. In solchen Fällen sollten Sie bedenken, dass jeder Erfolg Ausdauer und Beharrlichkeit voraussetzt. Auch wenn Sie sich jetzt sagen, Sie seien ausdauernd, so ist das meist nur eine Selbstbeschwichtigung. Folgende Übung könnte Ihnen helfen.

Übung – Die Kalendermethode: Besorgen Sie sich einen Jahreskalender mit Gesamtüberblick; solche Kalenderblätter geben auf einer Seite meist ein Halbjahr wieder. Schreiben Sie für jeden Tag, an dem Sie Networking praktiziert haben, ein „N" hinter den jeweiligen Tag. Danach notieren Sie zusätzlich als Zahl, wie viele neue Kontakte Sie an diesem Tag gemacht haben.

Was auf den ersten Blick albern erscheint, ist sehr nützlich, denn Sie erkennen sofort, wie sehr Sie sich bemüht haben. Wenn Ihr Kalender wochenlang keine Networking-Aktivitäten verzeichnet, dann wissen Sie, dass Sie zu wenig getan haben, um Ihre Ziele zu erreichen. Die Kalendermethode entlarvt sehr schnell, wenn Sie nur glauben, etwas getan zu haben. Denn dann sehen Sie schwarz auf weiß, wie sehr Sie sich engagiert haben.

Zum systematischen Networking, insbesondere im beruflichen Bereich, gehören einige wichtige Hilfsmittel, die Sie verwenden sollten. Eines der wichtigsten ist die Visitenkarte.

3.4.1 Visitenkarten

In manchen Ländern ist man ohne Visitenkarte ein Niemand. Vor allem in Asien zählen Visitenkarten zu den wichtigsten Utensilien und Türöffnern. Sofern Sie nicht bereits von Ihrem Unternehmen Visitenkarten erhalten haben, sollten Sie zusätzlich für den privaten Bereich eigene Visitenkarten anfertigen lassen. Seien Sie aber vorsichtig; auch bei privaten Zwecken sollte das Design Ihrer Visitenkarte einen professionellen Eindruck hinterlassen. Kaum etwas ist peinlicher als selbst fabrizierte Kärtchen aus dem Drucker, bei denen man noch den perforierten Rand erkennen kann, oder Automatenkarten, die durch ihr Schriftbild oder ein verspieltes Logo eher zum Schmunzeln einladen. Auch Ihre Selbstdarstellung sollte durchaus seriös sein, denn Sie wissen nie, bei welchem Anlass Sie die Karten überreichen.

Im 19. Jahrhundert war es in großbürgerlichen Kreisen durchaus üblich, den Dienstboten eine Visitenkarte zu übergeben, wenn man jemandem die Aufwartung machte. Meist wurde die Karte in einer durch allgemein bekannte Konventionen bestimmten Weise geknickt, um den Anlass kundzutun. Bei einem Beileidsbesuch wurde die Karte anders gefaltet als beim ersten Antrittsbesuch. Der Butler reichte die Karte auf einem Tablett an den Hausherrn oder die Hausherrin weiter.

Bei einer längeren Reise oder bei einem Glückwunsch war es üblich, spezielle Visitenkarten zuzusenden, die eine französische Grußformel als Kürzel enthielten. So übermittelte man beispielsweise Glückwünsche durch eine spezielle Visitenkarte, auf der die Abkürzung „p.f." stand, was *„pour féliciter"* („Glückwunsch") bedeutete. Es gab ein regelrechtes Sprachwerk für Visitenkarten. Heutzutage ist man bescheidener, denn im privaten Bereich finden Visitenkarten seltener Verwendung. Und es gibt heute auch keine schwarz umrandeten Kondolenzkärtchen für Todesfälle mehr, wie sie noch in der Belle Epoque um 1900 üblich waren.

Dennoch sollten Sie viel Sorgfalt auf Ihre Visitenkarte verwenden. Legen Sie sich nicht nur eine größere Zahl an deutschsprachigen Kärtchen zu, sondern setzen Sie auch englischsprachige

Business Cards ein. In Europa haben Visitenkarten das Format 85 mm x 55 mm, während in den USA die Größe von 88,9 mm x 54 mm üblich ist. Hierzulande beträgt das gängige Papiergewicht 150 bis 300 g/m²; als Papiersorte wird so genannter Elfenbein- oder Diplomatenkarton verwendet. Inzwischen gibt es auch Visitenkarten aus anderen Materialien wie Aluminium, Kunststoff (PVC oder laminierte Kärtchen) und sogar Holz.

Beachten Sie dabei die Gewohnheiten im Ausland, die sich deutlich von denen hierzulande unterscheiden können. Wenn Sie stellvertretender Geschäftsführer sind und auf Ihrer internationalen Visitenkarte diese Positionsbezeichnung mit „Vice President“ übersetzt wird, kann es Ihnen geschehen, dass Sie in Japan oder in den USA nicht wirklich ernst genommen werden. Diese Bezeichnung wird nämlich gerade in Nordamerika so häufig gebraucht, dass damit sogar Vorstandsassistenten und im schlimmsten Fall „Azubis“ im Supermarkt dekoriert werden.

Geschäfte in China erfordern es oft, dass Sie zusätzlich eine chinesische Visitenkarte parat haben, da im Reich der Mitte das kulturelle Selbstvertrauen zunimmt und es erwartet wird, dass Sie nicht nur eine englischsprachige Karte überreichen. Probleme ergeben sich bei der Übersetzung Ihrer Position und bei der Übertragung Ihres Namens. Zwar kann man Ihren Vor- und Nachnamen in chinesischer Schrift phonetisch darstellen, aber für viele Chinesen stellen die deutschen Umlaute und Aussprachebesonderheiten eine unüberwindliche Hürde dar. Es ist daher üblicher, den Namen ins Chinesische zu übersetzen. Wenn Sie „Schneider“, „Gärtner“ „Müller“ oder „Vogel“ heißen, wird man dieses Wort problemlos ins Chinesische übertragen können. Wundern Sie sich aber nicht, wenn die Chinesen dennoch schmunzeln.

Bei Ihren Kontakten sollten Sie den richtigen Augenblick herausfinden, in dem Sie die Karte überreichen. Es ist keineswegs sinnvoll, sofort zu Beginn einer Konversation die Karte zu überreichen, da dies den Eindruck erweckt, als würden Sie wahllos Ihre Visitenkarte verteilen. Erst nach einigen Minuten des Gesprächs übergeben Sie die Karte. Beachten Sie hierbei, dass es sich zumindest im geschäftlichen Bereich um ein kompliziertes Ritual handelt. Wenn Sie in einem beruflichen Kontext eine Karte überreichen, können Sie wie selbstverständlich erwarten, dass auch Ihr Gegenüber Ihnen eine gibt.

In manchen Ländern sind bei der Überreichung sogar noch einige Details zu beachten. So müssen Sie in manchen asiatischen Ländern die Karte stets mit beiden Händen übergeben; durch Ihre zusätzliche linke Hand signalisieren Sie, dass die Gabe von „Herzen" kommt. In asiatischen Ländern genießen ältere Personen und Personen mit einem höheren Status Vorrang, daher sollten Sie stets warten, bis der Ranghöhere Ihnen seine Visitenkarte überreicht hat. In Japan ist es üblich, sich nach der Übergabe der Visitenkarte zu verbeugen. In arabischen Ländern hingegen ist es ein absolutes Tabu, eine Karte mit der linken Hand zu übergeben, da diese aufgrund der Toilettenhygiene als „unrein" gilt. Die Benutzung der linken Hand – auch für Linkshänder – stellt einen groben, nicht wieder gut zu machenden Affront dar, der zum sofortigen Abbruch der Beziehungen führt und als schwere Beleidigung angesehen wird. Auch ist es in manchen Ländern verpönt, die Visitenkarte in die Hosentasche zu stecken.

Selbst in Deutschland gibt es informelle Regeln, die bei der Übergabe einer Visitenkarte zu beachten sind. Stecken Sie die Karte nicht sofort in Ihr Jackett oder in ein Visitenkartenetui, wie es viele Führungskräfte benutzen, sondern werfen Sie einen Blick auf die Visitenkarte. Als besonders höflich gilt es, wenn Sie eine kurze Frage stellen, die aber nicht zu persönlich sein sollte. So können Sie beispielsweise den Wohnort des Betreffenden und Sehenswürdigkeiten erwähnen, die Sie dort kennen. Ein absolutes Tabu ist es jedoch, sich handschriftliche Notizen auf der Rückseite zu machen, etwa um eine E-Mail-Adresse oder einen Termin zu ergänzen. Nehmen Sie dafür besser einen eigenen Notizzettel. Die Visitenkarte ist kein Konzeptblatt – dies hinterlässt bei Ihrem Gesprächspartner einen negativen Eindruck, auch wenn er Sie dazu auffordert.

Wenn Sie auf einer Messe oder Tagung waren, sollten Sie am nächsten Tag zu Hause die Visitenkarten ordnen, und die für Sie wichtigen Kontakte in einem Networking-Ordner erfassen.

3.4.2 Ihre Networking-Datei

Um professionelles Networking betreiben zu können, sollten Sie Ihre Kontakte systematisch ordnen. Früher verwendete man dafür das „kleine schwarze Büchlein", das die wichtigsten Adressdaten enthielt und stets griffbereit war. Heutzutage erfüllen elektronische Helfer dieselbe Funktion, so dass Sie die Daten in Ihrem PC, Laptop, PDA oder Smartphone vorrätig haben. Zu Ihren Kontakten sollten Sie sich einige zusätzliche Informationen notieren, die Ihnen bei Ihrem nächsten Smalltalk von Nutzen sein können. Hierzu gehören:

- Name und Vorname
- Adresse (Postanschrift, Telefon, Mobilfunk, E-Mail-Adresse, eventuell Faxnummer)
- Positionsbezeichnung, Titel, Funktion im Unternehmen, Abteilung
- Anlass oder Ort des ersten Kennenlernens
- Gesprächsthemen, Interessen, Hobbys, Lieblingsessen
- Geburtstag, Familienstand, Kinder
- Zugehörigkeit zu Vereinen, Verbänden, Organisationen und andere Merkmale

Nicht immer können Sie alle relevanten Informationen bekommen, und Ihr Smalltalk sollte auch nicht in ein peinliches Kreuzverhör münden. Nur Informationen, die Ihr Gesprächspartner freiwillig herausgibt, können Sie festhalten. Achten Sie auf Diskretion und respektieren Sie in jedem Fall die Privatsphäre Ihres Gesprächspartners. Manche Informationen sind für Sie nützlich, etwa wenn Sie zu Geburtstagen eine Glückwunschkarte versenden wollen. Achten Sie aber stets darauf, dass die Daten aktuell sind. Nichts ist beklemmender, als einem vermeintlichen Ehepaar Weihnachtsgrüße zu übermitteln, das seit zwei Jahren geschieden ist. Auch der Werdegang im Unternehmen bedarf einer regelmäßigen Aktualisierung; kein Hauptabteilungsleiter möchte unfreiwillig zum Abteilungsleiter degradiert werden, und auch ein Unternehmenswechsel sollte immer beachtet werden.

Wenn Sie die Hobbys oder Interessen Ihres Gesprächspartners kennen, fällt es Ihnen leichter, eine Unterredung fortzusetzen oder gezielt daran anzuknüpfen. Seien Sie aber vorsichtig, denn nicht jeder Experte mag es, wenn Sie im Smalltalk Ihre Unkenntnis über ein Thema preisgeben und sich so bloßstellen. Manche Menschen indes genießen es, zu ihrem Hobby befragt zu werden, und geben gerne Ratschläge, wenn das Interesse ehrlich gemeint ist. Je besser Sie Ihre Kontakte und Daten pflegen, desto größer ist Ihre Chance, eine gute Beziehung herzustellen.

4. Networking im Beruf

Networking im Beruf unterscheidet sich wesentlich vom Networking im privaten Bereich; denn die Kontakte finden meist in einem formelleren Kontext statt und Sie müssen gewisse Grundregeln beachten. Anders als in Ihrer Freizeit ist das Knüpfen von Beziehungen in der Arbeitswelt weniger lässig und erfordert, dass Sie einen Fauxpas gezielt vermeiden und sich davor hüten, in ein „Fettnäpfchen“ zu treten.

Der erste Schritt zu einem erfolgreichen beruflichen Networking besteht darin, die entscheidenden Zielpersonen zu identifizieren. Wie bei einem Schachspiel müssen Sie wissen, wer der König, die Königin, der Springer, der Turm und die anderen Figuren sind. In den meisten Fällen werden Sie bereits ahnen, wer in Ihrem Unternehmen für Ihren beruflichen Aufstieg oder eine Gehaltserhöhung wichtig ist. Bisweilen entscheidet oft gar nicht die Person, die offiziell die Befugnis hat, über Ihr Schicksal. Deshalb ist es für Sie von äußerster Bedeutung herauszufinden, wer diese Macht hat. Naive Menschen glauben oft, die Personalabteilung sei dafür verantwortlich, ob jemand eine Gehaltserhöhung oder eine Beförderung erhält. Doch das ist in vielen Unternehmen nicht der Fall. Zwar sind „Personaler“ bei manchen Gesprächen anwesend, aber die eigentlichen „Strippenzieher“ und „Hauptakteure“ sind die Abteilungs- und Hauptabteilungsleiter. In mittelständischen Unternehmen entscheiden fast immer die Eigentümer oder Geschäftsführer über den beruflichen Werdegang der Arbeitnehmer. Die Personalabteilung hat bei solchen Voten nur eine Alibifunktion. Vielfach wird Ihre Karriere auch noch von anderen Konstellationen abhängen; denn bisweilen gibt es „graue Eminenzen“, die gar nicht „grau“ oder „bejahrt“ sein müssen, aber über Ihre zukünftige Karriere entscheiden. Lassen Sie sich also nicht von offiziellen Organigrammen und Zuständigkeiten blenden, sondern erforschen Sie die wahren Machtstrukturen. Graue Eminenzen agieren immer im Hintergrund, geben sich bisweilen unscheinbar und treten inkognito auf. Auch sollte man niemals die Macht und die Stärke von Seilschaften unterschätzen, so dass auch der vermeintlich harmlose Herr Müller, der bislang nur durch seine schalen Urlaubswitze auffiel, ein gewichtiges Wort mitzureden hat. Vorstandssekretärinnen können selbst aussichtslose Kandidaten an erster Stelle platzieren und ihnen einen Vorteil verschaffen.

Erstaunlicherweise sind die Ressentiments in solchen Netzwerken besonders dann ausgeprägt, wenn die Beteiligten sich durch ein hohes Maß an Opportunismus nach oben arbeiten mussten. Man wird Ihnen im Zweifelsfall den beruflichen Aufstieg nicht gönnen und nichts unversucht lassen, um Ihre Karriere zu behindern oder zu sabotieren. Für ein erfolgreiches berufliches Networking ist es daher unerlässlich, dass Sie die Machtkonstellationen genau erfassen und sich wie ein Fisch im Wasser durch die zahlreichen Untiefen bewegen.

Übung – Die wichtigsten Zielpersonen: Machen Sie eine Liste mit den zehn wichtigsten Personen, die über Ihren beruflichen Aufstieg und Ihr Wohlergehen entscheiden. Seien Sie bei der Suche genau und erfassen Sie auch die „grauen Eminenzen" und die tatsächlichen Entscheider. Halten Sie Ausschau nach Mentoren, die Ihnen in Ihrer Karriere behilflich sein können. Wenn Sie die Liste mit den zehn Personen erstellt haben, dann fügen Sie wichtige Eigenschaften und Merkmale hinzu wie Interessen, Hobbys oder Zugehörigkeiten zu Organisationen. Bestimmen Sie dann die Orte, an denen Sie diese Zielpersonen „zufällig" treffen können. Dies kann ein Meeting, eine Tagung, die Teeküche oder der Fahrstuhl sein. Seien Sie präsent und sorgen Sie dafür, dass die Person Sie in guter Erinnerung behält. Wenn Sie es geschickt anstellen, können Sie auch bei anderen Anlässen durch Ihre Gegenwart überzeugen, sei es, dass Sie im Golfclub das „Handicap" Ihres Vorgesetzten loben oder im Taubenzüchterverein das große Engagement Ihres Chefs rühmen. Seien Sie aber in dieser Hinsicht behutsam, denn nicht alle Vorgesetzten schätzen es, wenn Sie in Ihrer Freizeit von Mitarbeitern behelligt werden. Noch besser ist es, wenn Sie Teil einer Seilschaft oder eines Netzwerks werden, das sich der Förderung seiner Mitglieder besonders verschrieben hat. Solche verschworenen Berufsnetzwerke können sich als wahre „Turbos" für Ihre Karriere erweisen, wenn Sie sie richtig nutzen.

Entwerfen Sie einen systematischen Plan, wie Sie diese für Sie wichtigen Zielpersonen kontaktieren wollen. Versuchen Sie einzuplanen, wie oft Sie jede Woche Kontakt aufnehmen wollen und wie Sie sich in ein gutes Licht rücken wollen. Planen Sie Gesprächsthemen und Anlässe, um auf alles vorbereitet zu sein. Ihre Aktionen sollten aber stets spontan und ungeplant wirken. Machen Sie einen Wochen- und Monatsplan, der die einzelnen Aktivitäten akribisch auflistet und kreuzen Sie jeden Posten an, wenn Sie ihn erledigt haben.

4.1 Karriereplanung und Netzwerke

Eine große Karriere ist ohne funktionierende Netzwerke unmöglich. Ohne die Mitwirkung anderer Menschen können Sie im Leben nur schwerlich etwas erreichen. Sie sind immer auf die Mithilfe anderer angewiesen. Auch ohne große Qualifikationen können Sie auf eine Führungsposition gelangen, wenn Sie die richtigen Leute kennen. Wenn Sie die richtigen Qualifikationen und Kenntnisse besitzen und die maßgeblichen Personen kennen, wird Ihre Karriere kaum aufzuhalten sein.

Aus diesem Grunde sollte Ihre Karriereplanung stets ein gezieltes und systematisches Networking mit einschließen. Wenn Sie nicht aus einem privilegierten Elternhaus stammen, dann sind Ihre Chancen, auf eine Topposition zu gelangen, vergleichsweise gering. In vielen Ländern gibt es einen engen Zusammenhang zwischen der sozialen Herkunft und der Aussicht, eine herausgehobene Führungsposition zu bekleiden. Im Verlauf des sozialen Aufstiegs greifen immer mehr Mechanismen, die allmählich zu einer Ausgrenzung führen. Wenn Sie nicht das angesagte Eliteinternat, die renommierte Eliteuniversität im Ausland und den entsprechenden Golfclub besucht haben, sind Ihre Aussichten gering. Allen vollmundigen Beteuerungen zum Trotz rekrutiert sich die Wirtschaftselite aus einem sehr kleinen Kreis von Personen. Das ist auch einer der Gründe, warum ambitionierte Frauen es vorziehen, sich selbstständig zu machen, da sie nicht an der „gläsernen Decke" des gehobenen Managements scheitern möchten.

Die Wahrscheinlichkeit, ohne entsprechenden „Background" Karriere zu machen, ist in der Politik beispielsweise wesentlich größer. Auch im Ausland – wie etwa in der Schweiz oder in

Schweden – sind die Aussichten vorteilhafter. Dass es in Deutschland kaum ausländische Führungskräfte gibt, liegt daran, dass sie es nicht schaffen, Zugang zu den relevanten Netzwerken zu erhalten. Entgegen landläufiger Meinung ist die internationale Mobilität im Topmanagement äußerst gering.

Dennoch haben Sie in Ihrer Karriereplanung einen erheblichen Startvorteil, wenn Sie sich bestimmte berufliche Netzwerke zunutze machen. Im Prinzip kann man berufliche Netzwerke in verschiedene Kategorien einteilen:

- allgemeine Netzwerke
- spezielle Netzwerke
- exklusive Netzwerke

4.2 Allgemeine Netzwerke

Zu allgemeinen Netzwerken gehören Beziehungsgeflechte, die für jeden zugänglich sind. Hierzu zählen die Communities und Foren im Internet. In diesen kann man durchaus interessante Personen treffen, die einem behilflich sind oder Perspektiven eröffnen. Auch Sportvereine, Kirchengemeinden, kulturelle Veranstaltungen bieten Möglichkeiten, sich beruflich zu verbessern, wenn Sie dort auf die richtigen Personen stoßen. Die Suche ist meist eher mühsam, denn hier gilt besonders die Hunderterregel, der zufolge Sie hundert Personen kontaktieren müssen, um eine Zielperson anzutreffen. Dennoch sind allgemeine Netzwerke nicht zu unterschätzen, denn sie ermöglichen ein entspanntes Networking und stellen so ein wichtiges Übungsterrain dar. Wenn Sie Glück haben, können Sie damit sogar einen großen Erfolg erzielen und viele Menschen finden, die nicht nur Ihre Karriere fördern, sondern sich auch mit Ihnen anfreunden oder deren uneingeschränkte Sympathie Sie genießen. In Deutschland gibt es Millionen von Vereinen, und vor allem in ländlichen Gegenden wird die Mitgliedschaft in einem solchen Verein als absolutes Muss angesehen. Finden Sie in einem solchen Fall heraus, welcher Verein den größten Zuspruch genießt und als „Schlüsselverein“ angesehen wird, in dem sich die „Honoratioren“ des Ortes regelmäßig treffen.

In Dörfern ist ein solcher „Honoratiorenverein" meist die freiwillige Feuerwehr, der Trachten- oder Schützenverein.

In den letzten Jahren haben sich Sonderformen allgemeiner Netzwerke herausgebildet, die beim Networking nützlich sein können. Hierzu gehören beispielsweise die Empfehlungs- und Lunchclubs sowie Visitenkartenpartys.

4.2.1 Visitenkartenpartys

Visitenkartenpartys sind eine Erfindung aus den USA, die die in früheren Jahrzehnten populären Cocktailpartys ersetzt haben. Visitenkartenpartys finden am Abend in einem größeren Rahmen statt und gestatten es den Teilnehmern, gezielt geschäftliche und berufliche Kontakte zu knüpfen. Es gibt verschiedene Arten von Visitenkartenpartys, bei denen ein Rahmenprogramm angeboten wird. Um das Kennenlernen zu erleichtern, werden bisweilen sogar gruppendynamische Spiele durchgeführt. Wesentlich häufiger ist jedoch das zwanglose Kennenlernen im Stil einer Cocktailparty, bei der kleine Häppchen gereicht werden.

Da die Menschen, die Sie bei einer solchen Veranstaltung kennen lernen können, einen sehr unterschiedlichen Hintergrund haben, eignen sich solche Events weniger für zielgerichtetes berufliches Networking. Statt dessen können Sie Ihre Networking-Fähigkeiten durch eine Vielzahl von unverbindlichen Kontakten deutlich verbessern, und mit etwas Glück finden Sie vielleicht sogar jemanden, der für Sie interessant und nützlich ist. Bei den meisten Veranstaltungen liegt die Obergrenze für die Besucherzahl bei 200 Personen. Kurzprofile und Hintergrundinformationen über die Teilnehmer werden an den Wänden ausgehängt. Die Teilnahme an einer Visitenkartenparty ist relativ preisgünstig; denn sie kostet weitaus weniger als eine Karte für die Oper oder ein Tennisspiel. Die Organisation mancher Visitenkartenpartys ist auch auf Abonnementbasis möglich und schließt ein virtuelles Netzwerk im Internet mit ein.

Info: Das 2002 in Hamburg gegründete Visitenkartenparty.biz hat bereits zahlreiche Partys veranstaltet (www.visitenkartenparty.biz). Eine andere Adresse ist www.kontaktemachen.de, wo neben Visitenkartenpartys auch ein virtuelles Netzwerk angeboten wird.

4.2.2 Empfehlungsclubs

Diese neue Art des Networking hat sich zuerst in den USA gebildet; Empfehlungsclubs bestehen zumeist aus Unternehmern und Freiberuflern, die sich gegenseitig Referenzen verschaffen. Mitglieder werden aufgrund der hohen Anforderungen nur aufgenommen, wenn Sie bereits Geschäftsleute sind und über hervorragende Kontakte und Empfehlungsmöglichkeiten verfügen. Die Aufnahmebedingungen für Unternehmer, Freiberufler und Existenzgründer sind sehr restriktiv; in den meisten Fällen werden neue Mitglieder nur über eine Referenz aufgenommen. Es ist häufig nicht möglich, sich selbst zu bewerben.

Ein Meeting in einem Empfehlungsclub beginnt meist mit einem zwanglosen Frühstück – einem Breakfast Meeting, das dem ersten Kennenlernen dient. Empfehlungsclubs unterhalten Veranstaltungen in den wichtigsten deutschen Großstädten. Der Ablauf sieht vor, dass auch Existenzgründer im Plenum ihre Geschäftsideen kurz vorstellen können, um so Interessenten und Investoren zu gewinnen. Unternehmer können in einer kurzen Präsentation Ihre Produkte und Dienstleistungen darstellen. Die Gruppengröße der Regionalteams liegt unter 20 Personen, so dass es möglich ist, intensives Networking zu betreiben.

Info: In Deutschland ist ein Anbieter von Empfehlungsclubs das 2002 gegründete *„MEETINGplus“* in Frankfurt am Main, das 14 Regionalteams anbietet. Ein Probefrühstück ist möglich, um die Organisation näher kennen zu lernen. Webseite: www.meetingplus.de.

4.2.3 Der Lunch Club

Der *Lunch Club* wurde erstmals 2001 in New York gegründet und hat inzwischen Tausende von Mitgliedern. Die Idee, die sich dahinter verbirgt, ist, dass man das Mittagessen auch gemeinsam einnehmen und dabei Kontakte knüpfen kann – gemäß dem Motto des Bestsellerautors *Keith Ferrazzi* „Geh nie alleine essen!“. Während Empfehlungsclubs sich auf Selbstständige ausrichten, haben beim *Lunch Club* auch Angestellte, Führungskräfte und sogar Arbeitslose eine Chance. In Deutschland finden die Treffen in ausgewählten Restaurants um die Mittagszeit statt. Für die Teilnahme ist eine verbindliche Anmeldung erforderlich, und es wird pünktliches Erscheinen erwartet. Bei der Zusammenstellung der Tischgesellschaft, die mit einem Austausch von Visitenkarten beginnt, wird großer Wert auf Branchenvielfalt gelegt, um einen regen Austausch zu ermöglichen. Wer an einem Treffen des Lunch Clubs teilgenommen hat, kann auch die Meetings in anderen Städten besuchen. Um die Atmosphäre aufzulockern, werden für Interessierte zusätzlich Weinverkostungen angeboten.

Info: Nähere Informationen erhalten Sie unter www.lunchclub-deutschland.de. Ein Probeessen ist möglich. Die Teilnehmer erhalten zuvor ein Kurzprofil von allen Mitgliedern.

Wenn Sie eine große Karriere anstreben, wird Ihr Startpunkt ohnehin im Zentrum der Macht sein – also am Hauptsitz des Unternehmens, der sich meist in einer Großstadt befindet. Dort gelten andere Spielregeln und Sie sollten daher eher spezifische Netzwerke nutzen.

4.3 Spezifische Netzwerke

Um Ihre Suche zu verfeinern, sollten Sie sich auf Ihrem Zielradar auf Orte und Gelegenheiten konzentrieren, bei denen die Aussicht, eine relevante Zielperson zu finden, größer ist als in Allerweltsnetzwerken wie der freiwilligen Feuerwehr oder dem Karnevalsverein. Spezielle Netzwerke gestatten es Ihnen, sich stärker auf einen Personenkreis zu fokussieren. In erster Linie sind dies Berufsverbände und andere berufs- oder unternehmensspezifische Organisationen. Die Mitgliedschaft in einem solchen Berufsverband kann von hohem Nutzen sein, wenn Sie regelmäßig an Tagungen und Sitzungen teilnehmen. Bringen Sie sich aktiv ein, halten Sie Referate und Vorträge und übernehmen Sie verschiedene Ehrenämter. Lassen Sie nichts unversucht, um mit den entscheidenden Schlüsselpersonen in Kontakt zu kommen.

Bei der Auswahl Ihres Berufsverbandes sollten Sie darauf achten, dass es sich um den maßgeblichen, renommierten Verband handelt. In manchen Bereichen konkurrieren mehrere Verbände um die Gunst der potenziellen Mitglieder; dabei sind aber manche

Verbände nur von zweit- oder drittrangiger Bedeutung. Wenn Sie in einem solchen zweitklassigen Verband agieren, werden Sie dort nur die „zweite Garnitur“ an Führungskräften vorfinden.

Zu den spezifischen Netzwerken zählen auch jene, die auf bestimmte Zielgruppen ausgerichtet sind wie beispielsweise Netzwerke für Existenzgründer oder Frauen. In diesen können Sie durchaus wertvolle Kontakte knüpfen und viele wichtige Beziehungen herstellen. Dasselbe gilt für politische Parteien, Gewerkschaften und Kirchen, die oft über ein weit verzweigtes Beziehungsnetz verfügen. Allerdings erwartet man dort oft ein hohes Maß an Loyalität und Engagement.

4.3.1 Alumni Clubs

Alumni Clubs sind „Ehemaligen-Netzwerke“ von Hochschulen. Besonders in den USA genießen die renommierten Alumni Clubs einen herausragenden Stellenwert, da sie als wichtige Karrierebörsen und Netzwerke gelten. Ein Studium an den Eliteuniversitäten der so genannten *Ivy League*, zu denen *Harvard* und *Yale* zählen, beflügelt die berufliche Laufbahn mancher Aspiranten auf ungeahnte Weise. Selbst Präsidenten gehören solchen altehrwürdigen Alumni Clubs an. Insofern streben Karrierewillige schon einmal ein MBA-Studium an der *Harvard University* an, um dort vor allem in den exklusiven und illustren Kreis des Alumni Clubs aufgenommen zu werden.

Der Alumni Club der *Harvard Business School* besteht aus Zehntausenden von Mitgliedern, die zur Elite der amerikanischen Wirtschaft gehören; aber auch viele europäische Führungskräfte sind dort vertreten. Die Treffen finden überall auf der Welt statt; einzelne Meetings werden in den jeweiligen Ländern und in Deutschland organisiert.

Info: Mitglied in der *Harvard Business School Alumni Association* können Sie werden, wenn Sie einen MBA an der Harvard University abgeschlossen haben. Die *Alumni Association* finden Sie unter der Adresse www.alumni.hbs.edu.

In Deutschland wurde die Bedeutung der Alumni Clubs, die sich vom lateinischen Wort „*alumnus*“ „Zögling“ ableiten, zu spät erkannt. Inzwischen aber nimmt die Zahl dieser Ehemaligen-Netzwerke deutlich zu und bezieht sich nicht nur auf Universitäten und andere Hochschulen, sondern auch auf sonstige Bildungseinrichtungen und herkömmliche Schulen. Auch renommierte Unternehmensberatungen wie *McKinsey* haben Alumni Clubs als exklusive Kontaktbörsen etabliert. Einer der ersten Alumni Clubs hier zu Lande war das Netzwerk der überaus renommierten *European Business School* in Oestrich-Winkel.

Nach außen hin umgibt diese Alumni Clubs eine Aura der Wohltätigkeit und des sozialen Engagements. In den Netzwerken der amerikanischen Eliteuniversitäten werden beachtliche Summen gespendet, um die Hochschulen zu unterstützen; und auch die Alumni Clubs der allgemein bildenden Schulen sammeln Gelder für eine zusätzliche Ausstattung. Die Alumni Clubs sind aber auch ein hervorragendes Forum, um alte Kontakte zu Kommilitonen aufzufrischen und neue Netzwerke zu bilden. Aufgrund der Ähnlichkeit der Ausbildung, des Studiums und bereits vorhandener Beziehungen gestaltet sich die Kontaktpflege in Alumni Clubs leicht und führt schnell zu sichtbaren Erfolgen.

Etliche Hochschulen unterhalten eigene Zeitschriften oder zumindest einen Newsletter, der die Ehemaligen über die Aktivitäten und Veranstaltungen des Alumni Clubs informiert. In einigen Alumni Clubs haben sich zusätzlich regelmäßig zusammenkommende Stammtische gegründet.

Wenn Sie in einem Alumni Club punkten möchten, sollten Sie vor allem versuchen, viele für Sie relevante Kontakte zu knüpfen. Gesellen Sie sich zu einer kleinen Gruppe und beginnen Sie das Gespräch. Auch die regelmäßig anberaumten Veranstaltungen können eine interessante Gelegenheit sein, um mehr Menschen kennen zu lernen.

Info: Wenn Sie sich für einen Alumni Club interessieren, können Sie sich beim Verband der Alumni-Organisationen näher erkundigen, der eine umfangreiche Adressenliste bereithält (www.alumni-clubs.net). Allerdings können Sie einem Alumni Club in der Regel nur beitreten, wenn Sie vorher Absolvent der jeweiligen Schule oder Universität waren.

4.3.2 Parteien

Parteien gehören zu den wichtigsten und bedeutsamsten Netzwerken überhaupt. In politischen Parteien sollten Sie beachten, dass Ihr berufliches Networking nicht immer im Ortsverband beginnen sollte. Zwar kann es unterhaltsam sein, einen Tagungspunkt drei Stunden in einer stickigen Hinterhofkneipe zu erörtern, aber für Ihre Karriere wird dies wenig förderlich sein. Wirklich ambitionierte Karrierewillige werden zwar den Ortsverband hofieren, um die grauen Eminenzen und Missgünstigen zu besänftigen, aber sie werden sich auf die Gremien konzentrieren, die in einer Partei Kristallisationspunkte für das Networking sind. In jeder Partei gibt es Ausschüsse und Gremien, die sich mit speziellen Aspekten wie der Wirtschaftspolitik oder anderen Politikfeldern befassen. Dort werden Sie eher auf Personen stoßen, die Ihre Karriere voranbringen und Sie fördern. Da Sie ja vermutlich keine politische Karriere anstreben, sollten Sie vor allem auf Personen achten, die einen ähnlichen Beruf wie Sie haben oder in einem vergleichbaren Unternehmen arbeiten. Da in einer Partei eine gewisse Solidarität unter den Mitgliedern besteht, ist es viel leichter, Kontakte zu knüpfen und sich gegenseitig zu fördern. Sie müssen dort Ihre Networking-Absichten weniger kaschieren als in einem allgemeinen Netzwerk. In manchen Parteien gibt es geradezu eine „klientelistische" Grundstimmung, und es ist dort allgemeiner Brauch, sich beim Knüpfen von Beziehungen zu unterstützen. Da Parteimitglieder in vielen Unternehmen und Organisationen zu finden sind, haben Sie keinerlei Anlaufschwierigkeiten, da die gemeinsame Parteimitgliedschaft Ihnen schon einen Sympathiebonus und Vorteil verschafft.

Bei der Auswahl der Partei sollten Sie Ihre Ziele und Lebenseinstellungen zugrunde legen. Manche Parteien verfügen über hervorragende Beziehungen und können Ihnen den Weg an die Spitze jedes Unternehmens ebnen. Manche Parteien sind stärker auf die Privatwirtschaft fokussiert, während andere verdiente Parteimitglieder vor allem im öffentlichen Dienst, in Non-Profit-Organisationen und in Bildungseinrichtungen platzieren.

Parteien	Karriereziele
CDU	Karriere in der Privatwirtschaft und in Verbänden; engmaschiges Netzwerk – besonders in Baden-Württemberg, Hessen und Niedersachsen
FDP	Karriere in der Privatwirtschaft, in Verbänden und international; eröffnet für High Potentials und Karrierewillige sehr große Chancen
SPD	Karriere im öffentlichen Sektor und staatsnahen Unternehmen; sehr aufgeschlossen für Aufsteiger und sozial Engagierte
Die Grünen	Karriere in Non-Profit-Organisationen und Bildungseinrichtungen; vor allem für soziale Berufe und Akademiker geeignet
CSU	Karriere in Bayern; sehr gut im ländlichen Raum vertreten

Abb. 1: Politische Parteien in Deutschland

4.4 Exklusive Netzwerke

Exklusive Netzwerke zeichnen sich vor allem durch ihren informellen Charakter aus und wirken nach außen hin unscheinbar. Je exklusiver das Netzwerk ist, desto mehr versucht man in der Öffentlichkeit diskret und zurückhaltend zu agieren. Wer einem solchen Netzwerk angehört, hat sozusagen schon eine große Karriere vor sich. Diese Netzwerke können Ihnen praktisch jede Tür öffnen und Sie an die Spitze des Erfolgs katapultieren. In solch exklusive Netzwerke zu kommen ist in der Regel jedoch ein schwieriges Unterfangen. Einige Netzwerke schotten sich nach außen vollständig ab und nehmen nur Mitglieder auf, wenn sie sich bereits vorher durch ihre soziale Herkunft oder gewisse Gemeinsamkeiten dafür qualifiziert haben. Die berüchtigten „Old Boys", die in den Vorstandsetagen und in den Aufsichtsräten einen relativ geschlossenen Zirkel bilden, stammen meist aus alt eingesessenen Familiendynastien, die ihnen den richtigen Hintergrund und die entsprechenden Verhaltensweisen vermittelt haben.

Dennoch gibt es exklusive Netzwerke, die auch anderen Zugang gewähren und offen sind. Zu den bekanntesten Netzwerken dieser Art zählen der *Rotary Club* und der *Lions Club*. Sie können sich dort in der Regel nicht selbst als Bewerber vorschlagen, sondern müssen von einem oder mehreren Mitgliedern empfohlen worden sein. Diese Netzwerke werden auch als Wohltätigkeitsclubs bezeichnet. Diese Wohltätigkeitsclubs sind international tätig und bemühen sich, unterschiedliche Mitglieder zu gewinnen. Es ist nicht erforderlich, wohlhabend zu sein, dennoch stammen die meisten Mitglieder aus höheren Bildungsschichten.

4.4.1 Der Rotary Club

Der *Rotary Club* ist ein Wohltätigkeitsclub, der humanitäre Dienste, den Einsatz für den Frieden und die Völkerverständigung zu seinen wichtigsten Zielen zählt. *Rotary International* ist in über 166 Ländern vertreten und hat 1,2 Millionen Mitglieder. In Deutschland gibt es 900 *Rotary Clubs* mit über 47.000 Mitgliedern. Der erste *Rotary Club* wurde bereits 1905 in Chicago gegründet. Die zugehörige Jugendorganisation trägt den Namen „*Interact*“ und die für junge Erwachsene bis zum Alter von 32 Jahren heißt „*Rotaract*“. Der *Rotary Club* unterhält eine eigene Frauenorganisation, die „*Inner Wheel*“ genannt wird.

Der *Rotary Club* genießt weltweit hohes Ansehen; er war 1945 an der Ausarbeitung der Charta der Vereinten Nationen beteiligt und verfügt mit *Rotary International* über eine eigene, bei der UNO anerkannte Nichtregierungsorganisation, die die Vereinten Nationen berät.

Rotary versteht sich als weltweites, sozial engagiertes Netzwerk mit dem Wahlspruch „*service above self*“ (selbstloses Dienen) und unterstützt zahlreiche gemeinnützige Projekte. Eines der berühmtesten ist die Aktion „Polio Plus“, die bereits 1979 ins Leben gerufen wurde und die zum Ziel hatte, die Kinderlähmung durch Impfung in Zusammenarbeit mit der Weltgesundheitsbehörde und der UNESCO zu bekämpfen. Das Projekt lief bis zum Jahr 2005, dem hundertjährigen Jubiläum von *Rotary*, und erreichte schätzungsweise zwei Milliarden Kinder.

Mitglieder bei *Rotary* sollen mindestens an der Hälfte aller Veranstaltungen teilnehmen und sich aktiv in das Klubleben einbringen; von dieser Präsenzpflicht kann man sich bei terminlicher Überlastung dispensieren lassen. Mitglied kann man nur auf Vorschlag werden und wenn keine Ablehnung durch andere Mitglieder des Clubs erfolgt.

Info: Nähere Informationen über den *Rotary Club* erhalten Sie auf der Webseite von *Rotary International* (www.rotary.org) und *Rotary Region Deutschland* (www.rotary.de).

4.4.2 Der Lions Club

Der *Lions Club* wurde 1917 gegründet und hat heute seinen Hauptsitz in Oak Brook (Illinois). Der *Lions Club* hat mehr als 1,3 Millionen Mitglieder und ist in 202 Ländern der Welt vertreten. Der *Lions Club* engagiert sich bei den Vereinten Nationen und hat dort beratenden Status. *Das* offizielle Motto der Organisationen lautet: „We serve“ („Wir dienen“). Das Engagement für das Gemeinwohl nimmt einen zentralen Stellenwert ein.

Die Aufnahme von Mitgliedern wird von den Clubs eigenständig geregelt, so dass sich die Verfahrensweisen unterscheiden können. Während manche Clubs nur die Aufnahme von Neumitgliedern auf Vorschlag und durch Empfehlung akzeptieren, können sich bei manchen Clubs Interessenten selbst bewerben. Weltweit gibt es mehr als 45.000 Clubs, die sich sozial engagieren. Bedeutende Projekte sind beispielsweise die „Sight First Activity“, ein Programm, das blinden Menschen zur Wiederherstellung der Sehkraft verhelfen soll. Jugendcamps und internationaler Jugendaustausch werden groß geschrieben. Der *Lions Club* hat eine eigene Jugendorganisation namens „*Leo*“.

Info: Nähere Informationen finden Sie unter folgenden Internetadressen: *Lions Clubs International* (www.lionsclubs.org) und *Lions Clubs Deutschland* (www.lions.de)

4.4.3 Kiwanis

Kiwanis gilt nach dem *Rotary* und dem *Lions Club* als der drittgrößte Wohltätigkeitsclub der Welt. Bereits 1915 wurde *Kiwa-*

nis International in Detroit gegründet. Der Name stammt aus einer indianischen Sprache und bedeutet übersetzt „Ausdruck der eigenen Persönlichkeit“. Erst 1961 entschloss man sich in Toronto, die Organisation weltweit auszudehnen. Noch heute hat *Kiwanis* die meisten Mitglieder in Nordamerika. *Kiwanis* ist in über 73 Ländern vertreten und zählt mehr als eine halbe Million Mitglieder.

Kiwanis legt großen Wert auf soziales Engagement, den Dienst am Nächsten, die Förderung des sozialen und beruflichen Lebens, auf Gerechtigkeit und Loyalität. In Deutschland hat *Kiwanis* mehr als 3000 Mitglieder. Die Aufnahmekriterien sind von Club zu Club unterschiedlich. Wenn Sie sich für *Kiwanis* interessieren, sollten Sie sich an einen *Kiwanis* Club in Ihrer Nähe wenden.

Info: Nähere Informationen erhalten Sie unter *Kiwanis* (www.kiwanis.org) und *Kiwanis Europa* (www.kiwanis-europe.org).

4.4.4 Der Ambassador Club

Der *Ambassador Club* ist eine in Europa entstandene Organisation, die 1956 in der Schweiz gegründet wurde. Der *Ambassador Club* versteht sich als eine Freundschaftsorganisation, die sich der Humanität verpflichtet fühlt. Im *Internationalen Ambassador Club* (IAC) sind mehr als 4000 Personen aus 22 Ländern vertreten.

Info: Weitere Informationen finden Sie unter: *Internationaler Ambassador Club* (www.int-ambassadorclub.com) und *Ambassador Club Deutschland* (www.ambassador-club.de).

4.4.5 Soroptimist International

Da sich in der Vergangenheit viele Wohltätigkeitsclubs erst spät für Frauen öffneten, wurde *Soroptimist* von vornherein als Frauenorganisation gegründet. *Soroptimist International* (SI) versteht sich als Stimme von Frauen für Frauen und setzt sich für die deutliche Verbesserung der gesellschaftlichen Stellung der Frau, für Menschenrechte, für Gleichheit, Entwicklung und Frieden ein. Internationale Verständigung und Hilfsbereitschaft gehören mit zu den wichtigsten Werten. Der Name der Organisation leitet sich von dem lateinischen Wort „*sorores optimae*" („die besten Schwestern") ab. *Soroptimist International* wurde bereits 1921 in Oakland (Kalifornien) gegründet. *Soroptimist International* hat beratenden Status im Wirtschafts- und Sozialrat der UNO und entsendet Repräsentantinnen zu verschiedenen UN-Organisationen wie UNESCO, UNICEF und WHO. Als Nichtregierungsorganisation ist sie beim Europarat in Straßburg vertreten.

Soroptimist ist in über 123 Ländern präsent und hat mehr als 93.000 Mitglieder. Die *Deutsche Union* von *Soroptimist International* hat ihren Sitz in Hannover. Die Mitgliedschaft kann nur auf Vorschlag eines Clubmitglieds erlangt werden.

Info: Weitere Informationen erhalten Sie unter: *Soroptimist International* (www.soroptimist.org) und *Deutsche Union Soroptimist* (www.soroptimist.de).

Neben diesen Wohltätigkeitsclubs gibt es eine ganze Reihe anderer Organisationen, die sich auch in diesem Bereich engagieren. Hierzu gehören *Civitan International* und *Zonta*.

4.4.6 Die Freimaurer

Die Freimaurer sind eine humanitäre Gemeinschaft, die aus Logen besteht und sich den Idealen der Aufklärung – nämlich Freiheit, Gleichheit, Brüderlichkeit, Humanität und Toleranz – verpflichtet fühlt. Viele berühmte Persönlichkeiten waren Freimaurer; unter ihnen große Geister wie Goethe, Lessing und Mozart, aber auch bedeutende Politiker wie Abraham Lincoln und zahlreiche US-Präsidenten. Die amerikanische Unabhängigkeitserklärung und die Proklamation der Menschenrechte wurden entscheidend von den Freimaurern geprägt. Die europäische Hymne „An die Freude", die auf Friedrich Schillers Ode beruht, enthält freimaurerische Grundgedanken, ebenso wie Mozarts „Zauberflöte".

Die Freimaurer verfügen über intensive internationale Beziehungen und zeichnen sich durch ein großes Engagement und eine weltläufige Haltung aus, die sich dem Grundsatz der Völkerverständigung widmet. Ein großes Netzwerk verbindet alle Freimaurer über alle Standes- und Völkergrenzen.

Die meisten Interessenten („Suchenden") gelangen über eine Empfehlung in eine Loge. Die endgültige Aufnahme erfolgt über eine geheime Abstimmung (Ballotage).

4.4.7 Studentenverbindungen

In Deutschland gibt es mehr als 1000 Studentenverbindungen, die in den letzten Jahren wieder verstärkten Zulauf verbuchen konnten. Allen Verbindungen ist das Lebensbundprinzip, das eine lebenslange Mitgliedschaft bedeutet, und das so genannte Conventsprinzip gemeinsam. Unter dem Conventsprinzip versteht man eine basisdemokratische Organisation und die Autonomie der jeweiligen Verbindung. Ziel vieler Studentenverbindungen oder -korporationen ist es, eine Verknüpfung zwischen den verschiedenen Generationen herzustellen.

Neulinge werden als „Fuchs" (oder Fux) bezeichnet; die Mitglieder, die ihr Studium bereits abgeschlossen haben, bilden die Aktivitas. Fast alle Verbindungen bieten ein umfangreiches Semesterprogramm an, das einem Studium Generale gleicht und wissenschaftliche Vorträge und Seminare beinhaltet. Einen breiten Raum nehmen Feste und Veranstaltungen ein. Die meisten Verbindungen besitzen ein eigenes, meist sehr repräsentatives Korporationshaus, das Studierenden als Wohnraum und Treffpunkt dient.

Bei den Verbindungen unterscheidet man nichtschlagende, die das traditionelle Fechten ablehnen, und schlagende Verbindungen, die die Mensur praktizieren. Manche Korporationen sind auch farbentragend, d.h sie tragen als Kennzeichen Mützen oder Bänder in der so genannten „Couleur" ihrer Verbindung. In alt ehrwürdigen Universitätsstädten sieht man dies bei Festen und an Feiertagen im Straßenbild. Darüber hinaus haben fast alle Korporationen ein eigenes „Logo", das einem kunstvollen Monogramm ähnelt und als „Zirkel" bezeichnet wird, sowie einen (lateinischen) Wahlspruch. Manche Verbindungen verfügen sogar über ein eigenes Wappen und eine hauseigene Hymne, das Farbenlied.

Die meisten Korporationen sind katholische Studentenverbindungen, gefolgt von Corps und den konservativeren Burschenschaften. Die meisten studentischen Verbindungen gibt es in München und Berlin. In Österreich steht Wien an erster Stelle, gefolgt von Graz und Innsbruck.

Das Netzwerk von studentischen Verbindungen ist äußerst einflussreich und weit verzweigt. Verbindungsmitglieder genießen vielfältige Unterstützung, können schnell aufsteigen und beachtliche Erfolge erzielen. Das Lebensbundprinzip, die lebenslange Mitgliedschaft, trägt maßgeblich dazu bei, dass solche Netzwerke von beständiger Dauer sind. Wenn Sie sich für eine Studentenverbindung interessieren, sollten Sie sich vor Ort erkundigen und an einem Gästeabend teilnehmen. Insbesondere in Universitätsstädten wird zu Semesterbeginn eine Vielzahl von Veranstaltungen angeboten. Auch Akademikern, die ihr Studium bereits abgeschlossen haben, ist es möglich, der Aktivitas mancher Korporationen nachträglich beizutreten.

4.5 Seilschaften, Erfolgsteams und Mentoren

Der Begriff „Seilschaft" ist eigentlich der Bergsteigerwelt entlehnt und bedeutet, dass sich Alpinisten gegenseitig durch ein Seil absichern, wenn sie einen Gipfel erklimmen. Jedes Mitglied der Seilschaft trägt in dieser Gruppe die uneingeschränkte Verantwortung für alle anderen. Wenn jemand von einer Felsenklippe abrutscht und in den Abgrund zu stürzen droht, dann ist es die Aufgabe der anderen, ihn abzusichern und hoch zu ziehen. In der Berufswelt sind die Risiken zumeist weniger dramatisch, aber die Seilschaft erfüllt ähnliche Aufgaben.

Im Grunde ist eine Seilschaft eine verschworene Gemeinschaft, die es sich zum Ziel gesetzt hat, sich gegenseitig in der Karriere zu unterstützen und voranzubringen. Auch hier strebt man zum Gipfel des beruflichen Erfolgs. Für Außenstehende sind Seilschaften fast immer unsichtbar, da die Beteiligten Diskretion wahren und sich niemand offen zu einer Seilschaft bekennt. Eine Seilschaft kann aus zwei Personen, aber auch aus vielen bestehen. Jeder einzelne versucht, mit der höchst möglichen Effizienz und Effektivität die beruflichen Ziele zu erreichen und die anderen mit zu ziehen. So ist es nicht verwunderlich, dass in manchen Unternehmen nach der Kündigung einer Führungskraft auch die Referenten und andere Personen aus anderen Abteilungen das Unternehmen verlassen. Die Seilschaft bildet gleichsam eine Karawane, die von Unternehmen zu Unternehmen zieht. Das ist besonders dann der Fall, wenn innerhalb der Seilschaft ein Beteiligter die Führung übernimmt und bereits einen hohen beruflichen Status erreicht hat. Die anderen, die häufig Referenten- oder Assistentenstellen bekleiden, ziehen als Gefolgschaft oder Vasallen mit ihm.

Viel häufiger ist in der Praxis der Fall, dass die Mitglieder eines Netzwerks eine vergleichbare Position erreicht haben oder sich nur geringfügig unterscheiden. Dann verteilen sich diese Personen auf verschiedene Abteilungen und Unternehmen und bilden ein weitmaschiges Netzwerk, das sich durch eine hervorragende Kommunikation auszeichnet. Wenn in einer Abteilung ruchbar wird, dass das Unternehmen in eine Schieflage gerät, wird bald die gesamte Seilschaft informiert sein. So sickern frühzeitig wichtige Informationen durch und das Netzwerk kann sich unmittelbar darauf einstellen. Besonders weitläufige Seilschaften erstrecken sich auf unterschiedliche Regionen und Branchen und verfügen darüber hinaus über hervorragende Kontakte zur Politik, zur Wissenschaft, zu Verbänden und Organisationen.

Kennzeichen aller Seilschaften ist ihre unbedingte Loyalität und Verbundenheit. Niemand, der in Not gerät, wird im Zweifelsfall im Stich gelassen. „Alle für einen – einer für alle“ lautete das ungeschriebene Motto. Wer in seiner Karriere zu straucheln beginnt, wird aufgefangen; wer eine höhere Position erreicht, sorgt dafür, dass auch die anderen befördert oder unterstützt werden. Insofern ist jede Seilschaft eine unverbrüchliche Schicksalsgemeinschaft.

Wenn Sie einer Seilschaft beitreten oder eine gründen möchten, müssen Sie einiges beachten. Die meisten Seilschaften sind verschwiegener als ein Orden mit Schweigegelübde, und es wird Ihnen schwer fallen, in Ihrer Umgebung eine Seilschaft zu erkennen. Die absolute Diskretion ist eine Voraussetzung für das Funktionieren einer solchen Gemeinschaft, damit niemand auf den ersten Blick das Zusammenwirken erkennen oder gar beeinträchtigen kann. Ein straffer Korpsgeist hält die Mitglieder zusammen und sorgt dafür, dass sie diesen „Karriereturbo“ optimal nutzen können. Es gibt sogar Seilschaften, die nicht einmal wissen, dass sie eine solche sind. Das liegt daran, dass die wechselseitige Hilfe und Unterstützung sich seit vielen Jahren etabliert haben und nicht bewusst wahrgenommen werden. Wie können Sie nun selbst eine **Seilschaft gründen**?

- Überlegen Sie, mit wem Sie gerne „in einem Boot sitzen“ möchten. Suchen Sie sich Personen heraus, die eine ähnliche Position wie Sie haben. Bei diesen ist die Chance, Interesse zu wecken, am größten.
- Versuchen Sie, Kontakte zu höher gestellten Personen zu knüpfen. Gehen Sie aber behutsam vor, denn in den meisten Fällen wird es schwierig sein, einen Vorgesetzten oder eine hochrangige Führungskraft für Ihre Seilschaft zu gewinnen – es sei denn, Ihre Zielperson versteht sich als Mentor.
- Denken Sie auch an Personen, die vielleicht weniger erfolgreich als Sie selbst sind. Auszubildende und Trainees können eine zuverlässige Gefolgschaft für Ihre Seilschaft bilden – vor allem wenn es Ihnen gelingt, diese in Schlüsselpositionen zu platzieren.
- Eine Seilschaft erfordert unbedingtes Vertrauen und ein hohes Maß an Ehrgeiz. Alle Mitglieder sollten den Wunsch verspüren, Karriere zu machen und Erfolg zu erzielen.

Eine Seilschaft kann Ihre Karriere deutlich beschleunigen. Sie sollten aber beachten, dass eine Seilschaft teilweise uneigennützig handelt. Schwächere oder weniger erfolgreiche Mitglieder werden auch dann unterstützt, wenn sie für den eigenen Werdegang keinen unmittelbaren Nutzen bringen. Eine Seilschaft, die nur auf Egozentrik beruht, wird früher oder später ihren Zusammenhalt verlieren und sich auflösen.

Übung – Eine Seilschaft gründen: Schreiben Sie spontan fünf Personen auf, mit denen Sie eine Seilschaft gründen können. Nehmen Sie in einer informellen Atmosphäre Kontakt zu diesen Personen auf und versuchen Sie zu sondieren, ob die Idee, sich gegenseitig im beruflichen Werdegang zu fördern, Anklang findet. Nennen Sie dieses Projekt aber nicht „Seilschaft“, da Sie sonst vielleicht auf Vorbehalte oder gar Ablehnung stoßen. Wichtig ist es, wenn Sie Ihre Mannschaft zusammen haben, relativ regelmäßig (wöchentlich oder zweiwöchentlich) verschiedene Treffen zu vereinbaren. Eine Seilschaft, die nicht regelmäßig zusammenkommt, wird schnell wieder auseinander fallen. Versuchen Sie, bei einem Bier, beim Kaffee oder beim Joggen in lockerer Atmosphäre berufliche Fragen zu erörtern und herauszufinden, wie sich die Gruppe gegenseitig am besten unterstützen kann.

4.5.1 Das Erfolgsteam

Eine besondere Variante der Seilschaft ist das Erfolgsteam. Diese Methode wurde von der berühmten und renommierten amerikanischen Erfolgstrainerin Barbara Sher entwickelt. Sie ermutigt Menschen aller Altersklassen, ihre Träume und Wünsche in die Realität umzusetzen. Das Erfolgsteam ist dabei eine wichtige Methode.

Bei der Umsetzung anspruchsvoller Ziele und Vorhaben stoßen Sie regelmäßig an die Grenzen Ihrer Motivation. Oft verlieren Sie schon nach wenigen Tagen Schwung und Interesse, und Ihre ursprüngliche Begeisterung erlahmt. Ehrgeizige Projekte und langfristige Lebensziele werden häufig nach kurzer Zeit aufgegeben und immer wieder aufgeschoben.

Eine bessere Chance, Ihre gesteckten Ziele zu erreichen, haben Sie, wenn Sie ein Erfolgsteam gründen. Ein Erfolgsteam kann aus ganz unterschiedlichen Menschen bestehen – es müssen nicht Kollegen oder Freunde sein. Bisweilen ist es sogar ratsamer, völlig unbekannte Personen zu wählen, da diese vielleicht unvoreingenommener sind. Ein wichtiges gemeinsames Kriterium sollten die Mitglieder Ihres Erfolgsteams aber haben: Sie müssen am Erfolg interessiert sein. Die Interessen müssen sich dabei nicht decken. Greta möchte vielleicht abnehmen, Bernd sich das Rauchen abgewöhnen, Thomas eine Programmiersprache erlernen und Andrea ihre Führungsqualitäten verbessern. Wichtig bei einem Erfolgsteam ist es, klare und terminierte Ziele festzulegen. Ein Mitglied aus dem Erfolgsteam ist für einen bestimmten anderen verantwortlich und fungiert als Pate. Das bedeutet: Der Pate erkundigt sich in regelmäßigen Abständen, wie weit die Bemühungen gediehen sind und welche Lernziele bereits erreicht wurden. Der Betreffende berichtet entweder in Einzelgesprächen oder im Erfolgsteam, welche Ziele oder Teiletappen er bereits erreicht hat.

Wenn Sie ein **Erfolgsteam ins Leben rufen** wollen, sollten Sie Folgendes beachten:

- Manche Erfolgsteams benötigen eine professionelle Moderation, damit alle Beteiligten ihre Interessen und Projekte einbringen können. Bei kleineren Gruppen können Sie aber auf eine professionelle Moderation verzichten und versuchen, selbst die Gruppe zu steuern.
- Eine gewisse Betreuung ist dennoch unerlässlich, damit die Gruppendynamik nicht bereits nach ein paar Treffen erlahmt. Insbesondere Regelmäßigkeit und Verbindlichkeit sind wichtige Voraussetzungen für das Gelingen.
- Natürlich können Sie Ihr erstes Treffen in einer gemütlichen Kneipe oder in einem Café stattfinden lassen. In einem zweiten Schritt ist es aber empfehlenswert, in einer Art „Kick-off-Veranstaltung" ein besseres Kennenlernen zu ermöglichen. Besonders gut geeignet ist dafür ein Kennenlern-Wochenende in einer Skihütte oder in einer ländlichen Pension. Setzen Sie auch gruppendynamische Spiele ein, damit die einzelnen Beteiligten mehr über den anderen erfahren. So können Sie beispielsweise die Teilnehmer bitten, den Sitznachbarn vorzustellen oder eine Collage der wichtigsten Interessen und Hobbys anzufertigen.
- Die Gruppe sollte sich danach regelmäßig (wöchentlich oder zweiwöchentlich) an einem festen Ort treffen.

Die Aufgaben eines Erfolgsteams sind komplex. In der ersten Sitzung nach der Kennenlernphase geht es darum, die Ziele genauer zu definieren.

Fragen zur Zieldefinition:

- Ist das Ziel authentisch, d.h. möchte der Betreffende dieses Ziel wirklich erreichen? Ist es sein eigenes Ziel oder hat er es von jemandem übernommen? Eine solche Zielklärung ist wichtig, da fremde Ziele nicht die nötige Begeisterung auslösen können und irgendwann als unverbindliche Vorsätze fallen gelassen werden. Häufig lassen wir uns von anderen Personen beeinflussen. So studiert beispielsweise jemand Medizin, da seit Generationen in der Familie Ärzte waren. Oder die Mutter wünscht sich für ihre Tochter, sie möge eines Tages eine berühmte Konzertpianistin werden, obwohl sie das Klavierspielen nicht mag.

Solche Erwartungen von nahestehenden Bezugspersonen können auch im Erwachsenenalter eine Eigendynamik entfalten und noch lange – oft unbewusst – die Wunschvorstellungen eines Menschen überlagern. Das Erfolgsteam sollte dem Einzelnen helfen, die wahren Wünsche und Ziele zu erkennen; denn nur diese bergen genügend Potenzial für herausragende Leistungen in sich.

- In der Regel übernimmt ein Mitglied des Erfolgsteams für ein anderes die Betreuung. Das bedeutet: Wenn jemand beispielsweise Spanisch lernen möchte, kontrolliert der andere in regelmäßigen Abständen, wie weit die Sprachkenntnisse fortgeschritten sind. Durch eine solche Überprüfung soll gewährleistet werden, dass der Betreffende das nötige Durchhaltevermögen und den erforderlichen Ehrgeiz entwickelt, um das Ziel zu erreichen.

Ein Erfolgsteam setzt sich aus 3 bis 6 Personen zusammen. Es ist nicht notwendig, dass die Gruppe aus Personen mit völlig identischen Interessen besteht, wenngleich es manchmal der Sache förderlich sein kann. Auch ein Team, das Menschen mit unterschiedlichen Interessenschwerpunkten aufnimmt, kann gerade durch die Vielfalt verschiedener Motivationen erfolgreich sein.

Jedes Treffen beginnt mit einer Einleitungsphase, in der die Beteiligten ehrlich über ihre Fortschritte berichten. Wichtig ist es, sich an dieser Stelle nichts vorzumachen; denn letztlich zählen nur erwiesene Erfolge. Der Ablauf einer solchen idealtypischen **Sitzung eines Erfolgsteams** gestaltet sich folgendermaßen:

(1) **Einleitungsphase:** Alle Mitglieder schildern ihre Fortschritte. Sie sollten in dieser Phase redlich sein und zugeben, wenn Sie bei einem Projekt Fehlschläge erlitten haben oder nicht wie gewünscht vorankommen.

(2) **Unterstützungsphase:** Danach geben sich alle Mitglieder ein Feedback und teilen dem Betreffenden mit, wie sie die Lage einschätzen. In dieser Phase ist es wichtig, behutsam vorzugehen; denn diese Projekte haben für den Einzelnen einen hohen Stellenwert. Überzogene Kritik wirkt schnell verletzend oder demotivierend.

(3) **Verpflichtungsphase:** In der Verpflichtungsphase legen die Mitglieder ihre Etappenziele und weiteren Projekte fest. Jeweils

ein Partner aus dem Erfolgsteam sollte in periodischen Abständen (wöchentlich) kontrollieren, ob die Ziele erreicht wurden.

Erfolgsteams sind ein nützliches Instrument, wenn Sie größere Projekte verwirklichen wollen und Sie befürchten, dass Ihre Motivation nicht ausreicht, um die Ziele allein zu erreichen. Anders als bei einer Seilschaft, die stärker auf die berufliche Karriere ausgerichtet ist, kann ein Erfolgsteam auch dazu dienen, private Ziele und Hobbys zu realisieren.

Info: Ausführliche Informationen über Erfolgsteams erhalten Sie auf der Webseite der Erfinderin der Erfolgsteams, Barbara Sher, www.barbarasher.com und speziell unter www.shersuccessteams.com.

4.5.2 Mentoren

Ein Mentor ist eine Person, die Sie in Ihrer Karriere unterstützt und fördert. Im Gegensatz zu einem persönlichen Coach tut der Mentor dies mehr oder weniger uneigennützig. Meist handelt es sich um Menschen, die sich bereits in einer gehobenen oder herausragenden Position befinden. Häufig übernehmen Vorgesetzte die Rolle des Mentors. Der Mentor gibt Ratschläge und Empfehlungen und ist in Krisensituationen stets hilfsbereit. Aufgrund seiner langjährigen Erfahrung im Unternehmen kann der erfahrene Mentor Wege ebnen und Chancen eröffnen. In vielen Fällen ist eine solche Beziehung - anders als Seilschaften - weniger auf Gleichheit gegründet, sondern sie beruht auf dem Prinzip der Fürsorge und der Unterstützung.

In den meisten Fällen werden nicht Sie, sondern der Mentor Sie auswählen. Dennoch können Sie sich natürlich auf die Suche machen. Sie sollten dabei folgende **Empfehlungen** berücksichtigen:

- Finden Sie heraus, wer für Sie als Mentor in Frage kommt. In der Regel wird es ein wohlwollender Vorgesetzter oder älterer Kollege sein, der Sie fördern und unterstützen möchte.
- Kontaktieren Sie die Zielperson, Ihren zukünftigen Mentor, auf diplomatische Weise und vermeiden Sie jede Form von Aufdringlichkeit. Bahnen Sie den Kontakt behutsam und schrittweise an.

- Versuchen Sie zu sondieren, ob Ihr potenzieller Mentor ein echtes und nachhaltiges Interesse daran hat, Sie langfristig zu fördern. Denken Sie in diesem Fall daran, dass niemand explizit sagen wird, dass er Ihr Mentor ist. Schließlich ist dies keine Berufs- oder Positionsbezeichnung. Man ist Mentor, ohne dieses Wort je zu gebrauchen. Deshalb wäre auch die direkte Frage, ob jemand Ihr Mentor sein möchte, nicht besonders sinnvoll. Sie könnten Ihre Zielperson dadurch ins Grübeln bringen, auch wenn sie jahrelang die Aufgaben eines Mentors übernommen hat. Ein Mentor handelt wie eine „graue Eminenz" – taktvoll und im Hintergrund.

Am besten erreichen Sie Karriereziele, wenn Sie sich neben einem Mentor einer weitläufigen Seilschaft bedienen und umfangreiche Netzwerke unterhalten. Der Mentor hat eine Vielzahl von Aufgaben, die dazu dienen den Karrierewilligen oder Mentee zu fördern. Die wichtigste Aufgabe besteht darin, eine Vorbildfunktion auszuüben. Der Mentor muss seinen Schützling bei Meetings, Verhandlungen und bedeutsamen Entscheidungen mit einbeziehen, um ihn mit den Angelegenheiten vertraut zu machen und ihm exemplarisch zu verdeutlichen, wie sich eine erfolgreiche Führungskraft in bestimmten Situationen verhält. Der Mentor muss seine gesamten Erfahrungen und sein Hintergrundwissen praxisnah vermitteln können. Um seinen Mentee noch intensiver zu betreuen, sollte er seinem Protegé einzelne Projekte und mehr Verantwortung übertragen. Erfolge und Misserfolge bei solchen Projekten sollten kommentiert und analysiert werden, damit der Mentee an seinen eigenen Erfahrungen wächst. In der Schlussphase der Mentorenschaft sollte sich der Verantwortliche nicht scheuen, eine Empfehlung auszusprechen, wenn er von dem Betreuten überzeugt ist. Erfahrene Mentoren wissen, dass sie ihren Schützling irgendwann aus ihrer Obhut entlassen müssen, auch wenn dies bisweilen schwer fällt. Dann ist es an dem Mentee, sich selbst in der Karrierewelt zu beweisen und neue Höhen zu erklimmen. In den meisten Fällen bleibt die Mentorenschaft aber im Hintergrund lebenslang oder zumindest über einen längeren Zeitraum unvermindert bestehen.

4.6 Networking mit Kunden

Das Knüpfen von Kontakten ist nicht nur im privaten und im beruflichen Bereich von großer Bedeutung, sondern auch im Marketing. Der Erfolg eines Unternehmens hängt maßgeblich davon ab, ob es gelingt Stammkunden zufrieden zu stellen und neue Kunden zu gewinnen. Networking ist im Marketing eine wichtige Methode; denn in manchen Berufszweigen ist Networking das einzige Mittel, um Kunden zu gewinnen. Insbesondere beratende Berufe können ohne exzellentes Networking nicht bestehen, da Beratung eine hohe Vertrauensbereitschaft voraussetzt, die aus persönlichen Kontakten resultiert.

4.6.1 Messen, Tagungen und andere Events

Nutzen Sie vor allem Fachmessen, Tagungen, Kongresse, Symposien und andere große Events für das Networking. Als Unternehmer oder als Angestellter können Sie bei solchen Veranstaltungen eine Menge Kontakte machen, die Ihnen später nützlich sind. Halten Sie stets genügend Visitenkarten und Prospekte bereit. Messen haben vor allem den Vorteil, dass Sie die aktuellsten Trends und Entwicklungen auf Ihrem Gebiet kennen lernen und einen umfassenden Überblick über das Marktumfeld und den Wettbewerb erhalten. Messen und Tagungen werden von vielen lukrativen Großkunden besucht – Sie sollten sich daher stets im besten Licht präsentieren. Dabei sollten Sie nicht nur am Rahmenprogramm und an den offiziellen Veranstaltungen teilnehmen, sondern sich auch an Treffs in Cafés und an Abendveranstaltungen beteiligen. Erkunden Sie mit anderen Veranstaltern und Kunden die Stadt. Da viele aus anderen Regionen anreisen, werden Sie leicht die Möglichkeit erhalten, Kontakte auf diese Weise zu vertiefen.

Beachten Sie, dass Sie solche Events schon Monate vorher gründlich vorbereiten müssen. Auch die Anmeldefristen gilt es zu beachten; denn populäre Messen mit großem Besucherandrang sind schnell ausgebucht. In den jeweiligen Messestädten sind Hotels und Flüge meist schon etliche Tage vorher vollständig ausgebucht, so dass Sie oft mit einer Pension in einem Vorort vorlieb nehmen müssen. Sie sollten aber für Ihr Networking möglichst zentral in der Innenstadt ein Hotel nehmen und sich vorher genau erkundigen, welche Veranstaltungen eingeplant sind und welche Events Sie besuchen können.

Übung – Messemangement: Notieren Sie sich mindestens fünf Ziele, die Sie mit dem Besuch einer Fachmesse oder mit der Teilnahme an einer Tagung verwirklichen wollen. Schreiben Sie auf, welche Personen, Kunden oder Unternehmen Sie gerne kennen lernen möchten. Entwickeln Sie einen Plan, bei welcher Gelegenheit Sie diese Personen kennen lernen können und informieren Sie sich ausführlich, welche Möglichkeiten es in der jeweiligen Messestadt noch gibt.

Je besser Sie vorbereitet sind, desto nützlicher wird für Sie das Event. Notieren Sie sich, welche Cafés, Restaurants oder Sehenswürdigkeiten es in der Stadt gibt und schlagen Sie Ihren Kunden, Geschäftspartnern oder Zielpersonen vor, sich dort zu treffen. Denken Sie auch daran, gute Kunden einzuladen, indem Sie Ihnen eine kostenlose Eintrittskarte reservieren.

Viele Messen gelten als informelle Jobbörsen, denn wenn Sie es geschickt anstellen, können Sie dort Pluspunkte sammeln. Aus diesem Grunde sollten Sie sehr viel Wert auf Ihr Outfit und Ihre Selbstdarstellung legen. Ein Kontakt, den Sie bei einer Messe knüpfen, kann Ihnen Tür und Tor für eine große Karriere öffnen; denn in den meisten Unternehmen entscheidet nicht die Personalabteilung über die Besetzung einer Führungsposition, sondern der jeweilige Hauptabteilungsleiter der Fachabteilung.

Bei Tagungen, Kongressen, Symposien und Seminaren steht die Wissensvermittlung im Vordergrund. Um gezielt Kontakte zu knüpfen, sollten Sie sich schon vorher überlegen, welche Personen oder Wissenschaftler in Ihrem Fachbereich einflussreich oder wichtig sind. Sprechen Sie diese Personen nach einem Vortrag an, machen Sie kurz Smalltalk und überreichen Sie Ihre Visitenkarte.

Übung – Der Trick mit den Texten: Besonders wichtig ist es, dass Sie den Kontakt, den Sie auf einer solchen Veranstaltung geknüpft haben, vertiefen. Dies können Sie am leichtesten, indem Sie ihn nach einigen Wochen wieder auffrischen. Dies sollte möglichst beiläufig erfolgen, damit Sie nicht zu aufdringlich wirken, aber dennoch ein echtes Interesse bekunden können. Am einfachsten ist dies über folgende Methode: Sie schicken Ihrer Zielperson mehrere relevante Artikel aus einer Tageszeitung oder einer Fachzeitschrift, fügen Ihre Visitenkarte bei und notieren darauf einen kurzen Gruß. Natürlich sollte diese Praxis nicht dazu führen, dass Sie allmählich einen Ausschnittsdienst für Ihre Kunden oder Geschäftspartner eröffnen. Aber wenn Sie wohl dosiert von Zeit zu Zeit einen solchen Beitrag zusenden, werden Sie dem Betreffenden in Erinnerung bleiben.

Insbesondere bei Tagungen und wissenschaftlichen Symposien empfiehlt es sich, den Referenten oder Autoren ein Feedback zukommen zu lassen. Bei den meisten Veröffentlichungen können Sie über eine E-Mail-Adresse oder über den Verlag mit dem Verfasser eines Beitrags Kontakt aufnehmen. Wenn Sie ein ehrlich gemeintes Lob aussprechen oder einen Kommentar anfügen, werden Sie unter Umständen sehr schnell einen neuen Kontakt knüpfen können.

4.6.2 Mundpropaganda und Empfehlungsmarketing

Die „Mundpropaganda“ entscheidet oft über den Erfolg oder den Misserfolg eines Unternehmens. Bekannt ist die Regel, dass ein unzufriedener Kunde dies an unzählige Bekannte und Freunde weitergibt. Manche Handwerksunternehmen ruinieren ihren Ruf durch schlechte Arbeit; Konzerne brüskieren mit miserablem Service die Kunden, die dann zur Konkurrenz abwandern. Networking mit Kunden ist daher im weitesten Sinne ein Empfehlungsmarketing, denn die Kunden sind wie Multiplikatoren, die das Ansehen eines Unternehmens vergrößern oder verringern können.

Was sollten Sie beim Empfehlungsmarketing beachten?

- Definieren Sie zuerst Ihre Zielgruppe. Das ist eigentlich eine Aufgabe, die man bereits bei der Gründung des Unternehmens erledigt haben sollte. In der Praxis ist es aber erstaunlich, wie viele Unternehmen sich schwer tun, eine genaue Abgrenzung vorzunehmen.
- Konzentrieren Sie sich primär auf Ihre Stammkunden. Viele neu gegründete Unternehmen machen den Fehler, Ihre Stammkunden zu vernachlässigen und den Schwerpunkt auf die gezielte Akquisition neuer Kunden zu legen. Eine Expansion ist

aber stets mit Risiken behaftet, denn die zuverlässigsten und umsatzstärksten Kunden sind immer noch die Stammkunden.

- Bieten Sie Ihren Kunden herausragende Produkte und Dienstleistungen. Definieren Sie Ihr Alleinstellungsmerkmal, Ihre Unique Selling Proposition (USP), die Sie von allen anderen Wettbewerbern abhebt. Denken Sie daran, dass in einer globalisierten Weltwirtschaft sich nur das Unternehmen langfristig behauptet, das ausgezeichnete Produkte und Dienstleistungen mit einem Spitzenmarketing verknüpft. Ohne ein ausgefeiltes Marketing nützen Ihnen die besten Produkte nichts.
- Denken Sie unkonventionell – verlassen Sie die bis dahin üblichen Bahnen und Trampelpfade Ihres Vertriebs. In Japan beispielsweise erwarten die Kunden einen 24-Stunden-Reparaturservice, was in Deutschland geradezu als Zumutung angesehen wird. Wenn Sie sich nicht den Herausforderungen des 21. Jahrhunderts stellen, werden Sie am Ende verlieren. Sie müssen besser, schneller und serviceorientierter als der Wettbewerb sein.

Empfehlungsmarketing kann Ihnen helfen, Ihre Position im Markt zu stärken – dies ist besonders dann der Fall, wenn Sie Großkunden im so genannten Key-Account-Management betreuen. Ihr Networking sollte den Kontakt zum Kunden erheblich stärken. Dies erreichen Sie vor allem dann, wenn Sie auf die Bedürfnisse und Wünsche des Kunden eingehen und seine Erwartungen vollständig erfüllen.

Allerdings sollten Sie dabei bedenken, dass sich in den letzten Jahren die Sichtweise geändert hat. Der Ausspruch „Der Kunde ist König“, der manchen Außendienstmitarbeiter zur hämischen Bemerkung „dann sei er selbst Kaiser“ veranlasste, vermittelte einen falschen Ansatz. Zwar ist es richtig, dass der Kunde im Mittelpunkt aller Bemühungen steht, aber er ist keineswegs ein unberechenbarer und undurchsichtiger „Monarch“, der willkürlich urteilt. Im Gegenteil: Kunden erkennen oft sehr genau Defizite bei Produkten und Dienstleistungen und wandern deshalb zur Konkurrenz ab. Auch dem Kunden ist es vermutlich nicht angenehm, in eine solch unantastbare Position befördert zu werden. Letztlich ist es von der Unternehmensphilosophie her besser, den Kunden als Partner anzusehen, der mit denkt und hilft, das Unternehmen durch seine Kritik oder Wertschätzung zu verbessern.

Kunden haben den Vorteil, dass sie in der Öffentlichkeit eine hohe Glaubwürdigkeit genießen, da sie das Produkt oder die Dienstleistung persönlich verwendet oder getestet haben.

4.6.3 Der Elevator Pitch

Der Elevator Pitch ist der Albtraum eines jeden Jungmanagers; denn bei dieser Form des Kundennetworking gilt es, innerhalb von weniger als zwei Minuten eine prägnante Selbstpräsentation zu bewerkstelligen. Der Elevator Pitch entstand in den USA in den quirligen achtziger Jahren, als Yuppies schnell auf den Punkt kommen mussten. Der Trick besteht darin, einen Vorstand oder eine andere hochrangige Führungskraft am Fahrstuhl gezielt abzufangen und dann einen überzeugenden Eindruck innerhalb weniger Sekunden zu hinterlassen. Bedenkt man, dass in New York eine Fahrt im Aufzug immerhin einige Minuten dauern kann, so begrenzt sich die verfügbare Zeit hier zu Lande auf wenige Sekunden, da die Hochhäuser weniger Etagen zählen.

Der Networker muss in einem solchen Fall die Selbstdarstellung auf einige wenige Statements reduzieren und dies möglichst anschaulich seinem Gesprächspartner vermitteln, um Erfolg zu haben. Wenn es Ihnen Schwierigkeiten bereitet, ein Thema innerhalb kürzester Zeit auf seine Essenz einzudampfen und im Schnelltempo wiederzugeben, dann dürfte der Elevator Pitch für Sie nicht geeignet sein. Dennoch ist es wichtig, dass Sie diese Methode beherrschen. Es muss nicht immer der Fahrstuhl sein, der eine kurze prägnante Selbstdarstellung erfordert. Auch auf Messen, nach einem Geschäftsessen oder auf Tagungen bleiben oft nur wenige Minuten, um ein Anliegen vorzubringen. Um Erfolg zu haben, müssen Sie einige **Grundregeln** beherzigen:

- Legen Sie sich die Sätze zurecht, die Sie im Fahrstuhl oder in einer anderen Situation, die schnelles Handeln unerlässlich macht, sagen wollen. Seien Sie aber flexibel und dennoch spontan, da es Ihren Gesprächspartner verärgert, wenn Sie auswendig gelernte Texte deklamieren.

- Verwenden Sie vor allem bildliche Ausdrucksweisen, die sich leicht einprägen lassen und Ihre Leistungen veranschaulichen. Seien Sie konkret und aussagekräftig.
- Es ist nicht notwendig, dass Sie Ihr Produkt oder Ihre Dienstleistung ausführlich darstellen. Viel wichtiger ist es, dass Sie Ihr Hauptaugenmerk darauf richten, die Probleme des Kunden zu lösen. Ihr Gesprächspartner möchte in der Mittagspause, im Fahrstuhl, beim Kaffee oder beim Bäcker nicht wissen, weshalb Sie Marktführer sind oder zu den dynamischsten Unternehmen Ihrer Branche gehören. Ihn interessieren weder Ihre Unternehmensphilosophie noch Ihr Vertriebskonzept, weder Ihre Erfolge noch Ihr Return on Investment. Das Einzige, was für Ihren potenziellen Kunden wirklich zählt, ist, ob Sie seine Probleme lösen können. Denn jeder Kunde, der sich für ein Produkt oder eine Dienstleistung interessiert, hat ein Problem, auch wenn er selbst dies nie zugeben würde.
- Das Ziel der kurzen Unterredung ist auch nicht, dass der Kunde Ihr Produkt oder Ihre Dienstleistung kauft. Das ist unmöglich, denn er kennt Sie nicht. Würden Sie ein Produkt auf der Straße kaufen, das Ihnen ein völlig fremder Händler anpreist? Das einzige Ziel Ihres Elevator Pitch besteht darin, einen Termin zu bekommen. Wenn Sie dieses Entree schaffen, haben Sie Ihr Ziel, dem Kunden etwas zu verkaufen, schon teilweise erreicht.

Übung – Der Elevator Pitch: Formulieren Sie für die Praxis einen Elevator Pitch. Dabei verwenden Sie je nach Zielgruppe und Länge verschiedene Versionen. Ein Elevator Pitch enthält immer Ihren Namen und was Sie für den Kunden tun können. Vermeiden Sie es, länger über Ihr Unternehmen zu sprechen – dem Kunden geht es in erster Linie um die Problemlösung. Vermeiden Sie es, nach dem Gießkannenprinzip zu verfahren, sondern suchen Sie eine Lösung, die genau zu Ihrem Zielunternehmen passt. Ohne diese „Customization" werden Sie beim Kunden kein Interesse wecken können.

Ein Beispiel: „Mein Name ist …. Wir bieten neuartige Marketingstrategien für den Vertrieb von Anlagen im Großraum Shanghai. Kann ich Ihnen die Einzelheiten in einem persönlichen Gespräch vorstellen? Wäre Montag nächster Woche um 11 Uhr oder um 14 Uhr geeignet?"

Ein solches Statement dient niemals der Selbstdarstellung des Unternehmens, sondern bietet eine kurze und eingängige Beschreibung der Problemstellung. Vergessen Sie aber nicht, eine Handlungsaufforderung beizufügen. Wenn Sie keinen Impuls zum Handeln anbieten, versandet das Gespräch und endet mit einem unverbindlichen „Rufen Sie mich an". Diese höfliche Floskel ist meist kein Weg zu einer Terminvereinbarung. Deshalb müssen Sie beim Kunden unbedingt eine Reaktion auslösen. Die letzte Phase der so genannten AIDA-Formel (Attention – Aufmerksamkeit, Interest – Interesse, Desire – Verlangen, Action – Handlung) wird in diesen Gesprächen meist vernachlässigt, obwohl sie der entscheidende Erfolgsfaktor ist. Wenn Sie den Kunden nicht zum Handeln bewegen, kommt niemals ein Vertragsabschluss zustande. Um die Ernsthaftigkeit Ihrer Offerte zu unterstreichen, sollten Sie stets zwei Termine zur Auswahl anbieten. Wenn der Kunde Sie dann abweisen möchte, muss er dies ausdrücklich tun, was eine größere Hürde darstellt.

Formulieren Sie für einen Elevator Pitch Versionen mit unterschiedlicher Länge. Ein Statement, das nur 30 Sekunden dauert, und eines, das eine Minute erreicht. Als Reserve können Sie auch ein Verkaufsgespräch mit einer Länge von drei Minuten vorformulieren. Versuchen Sie aber stets, sich in Ihren Kunden hineinzuversetzen.

4.6.4 Branchennetzwerke

Diese Netzwerke eignen sich sowohl für Angestellte, die Ihre berufliche Position verbessern wollen, als auch für Unternehmer, da Branchenverbände häufig eine Fülle von Kontaktmöglichkeiten bieten. Der „Streuverlust" ist bei einem solchen Networking gering, da Sie sich genau auf Ihre Zielgruppe fokussieren können.

Informieren Sie sich, welcher Branchenverband für Sie in Frage kommt. Sie sollten, wenn Sie Unternehmer sind, Ihr Interesse vor allem auf Branchen richten, die für Sie Kunden darstellen und eventuell auch als Branchenfremder dem entsprechenden Verband beitreten. Es macht aber wenig Sinn, eine Mitgliedschaft anzustreben, die nur auf dem Papier steht. Nehmen Sie aktiv an den jeweiligen Veranstaltungen teil; machen Sie so viele Kontakte wie möglich und sorgen Sie für Regelmäßigkeit. Es genügt nicht, nur einmal an einer Verbandsveranstaltung teilzunehmen. Sie müssen in vielen Sitzungen präsent sein, viele Menschen ansprechen, Ihre Visitenkarten verteilen und vor allem an informellen Meetings und Verabredungen teilnehmen. Zeigen Sie ein aufrichtiges Interesse an Ihren Kunden und Geschäftspartnern.

Branchenverbände helfen Ihnen nicht nur, neue Kontakte zu machen, sondern auch sich aus erster Hand über die wirtschaftliche Situation der Branche genauestens zu informieren. Durch eine regelmäßige Teilnahme sind Sie stets auf dem aktuellen Stand und wissen, welche gesetzlichen Initiativen anstehen, wie sich der Industriezweig oder die geschäftliche Situation entwickelt und was die neuesten Trends sind. Sie sollten sich nicht nur über Ihre eigene Branche informieren, sondern auch über das ökonomische Umfeld angrenzender Industriezweige und die Situation Ihrer Geschäftspartner und Zulieferer. Auch für ambitionierte Führungs- und Fachkräfte kann es von hohem Nutzen sein, über den Tellerrand zu schauen und eine andere Branche zu erkunden.

Branchenverbände gibt es zuhauf und die genaue Auswahl fällt schwer. Wichtig ist es, dass Sie sich einen Überblick verschaffen und folgende Fragen beantworten:

- Welcher Verband ist in meiner Branche oder in meinem Beruf führend?
- Welche Chancen habe ich dort, Kontakte zu knüpfen?
- Wie hoch ist der Aufwand, und welche Veranstaltungen werden angeboten?

Eine Mitgliedschaft in einem Branchenverband kann sich durchaus lohnen. Die Networking-Möglichkeiten werden dadurch erheblich verbessert und Sie erhalten eine Vielzahl von Zusatzleistungen. Sie werden beispielsweise über rechtliche Veränderungen informiert, erhalten eine Rechtsschutzversicherung und bekommen Rabatte bei verschiedenen Händlern; Sie können internationale Kontakte knüpfen, zu günstigen Konditionen an Fachveranstaltungen teilnehmen und auf der jeweiligen Plattform Ihre Dienste anbieten. Branchenverbände sind gleichsam ein Rückgrat und ein Katalysator für bessere Kontakte und erfolgreiches Networking.

Bisweilen kann es sinnvoll sein, einem neuen Verband beizutreten, wenn Sie dort schneller Kontakte knüpfen und möglicherweise sogar eine Schlüsselposition besetzen können. In der Regel ist aber der beste und renommierteste Verband Ihrer Branche geeigneter. Internationale Verbände sind oft weniger viel versprechend, denn dort treffen Sie häufig nur die Spitzen der einzelnen Landesverbände. Solche Organisationen dienen oft mehr der internationalen Reputation und entwickeln ein Eigenleben. Es ist ein offenes Geheimnis, dass trotz aller Bekundungen und Beteuerungen große Karrieren nur auf nationaler Ebene stattfinden. Für Außenstehende ist es überaus schwierig, sich in das Netzwerk eines anderen Landes zu integrieren, da die informellen Regeln dem Betreffenden nicht vertraut sind. Sie werden also kaum Chancen haben, von der Führungsposition eines deutschen Unternehmens in ein belgisches, spanisches oder kanadisches Unternehmen zu wechseln. Die Fälle, die Ihnen vermutlich jetzt als Gegenbeispiel einfallen, bewegen sich alle innerhalb des gleichen Konzerns, und selbst bei diesen wird die Führungslaufbahn nach einer Auslandsentsendung im Inland fortgesetzt.

5. Networking im Internet

Mit dem Internet ergeben sich völlig neue Möglichkeiten, erfolgreiches Networking zu betreiben. Dank des weltweiten Netzes haben Sie die Chance, Ihre Kontakte auf den ganzen Globus auszuweiten. Sie können mit Experten in Australien ebenso in Verbindung treten wie mit Personen aus Kanada oder China. Die Vielfalt, die Ihnen das Internet bietet, ist überwältigend. Selbst wenn Sie exotische Hobbys pflegen und sich für Pinguine, koreanische Malerei oder American Football interessieren, werden Sie im Internet schnell fündig und können Freunde und Bekannte in aller Welt finden. Natürlich setzt dies umfassende Sprachkenntnisse voraus, sofern Ihre Kommunikationspartner weder Englisch noch Deutsch können. Dennoch werden Sie viele hilfreiche Kontakte und Networking-Möglichkeiten finden, selbst wenn Sie sich auf den deutschen Sprachraum beschränken.

Die Netzgemeinschaften im Internet, die auch als „social network services" bezeichnet werden, haben sich in den letzten Jahren sprunghaft entwickelt und erfreuen sich großer Beliebtheit. Man spricht inzwischen vom Stadium „Web 2.0", das sich durch Interaktivität und durch Synergien auszeichnet, die durch das Zusammenwirken vieler Menschen entstehen. Zu den Phänomenen des Web 2.0 gehören Blogs (eine Art Online-Tagebuch mit interaktiven Elementen), Wikis und allgemein soziale Software, mit deren Hilfe Online-Communities wie *StudiVZ*, *Facebook* oder *MySpace* funktionieren. Im Folgenden werden die wichtigsten Elemente des Web 2.0 für das Networking vorgestellt.

5.1 Wikis

Unter einem Wiki versteht man eine im Internet veröffentlichte Informationsquelle, die von den Nutzern interaktiv verändert werden kann. Eine solche Information kann aus vielen Webseiten bestehen, und die Nutzer können Informationen ins Netz stellen, neue Themen veröffentlichen und gemeinsam bearbeiten. Der Vorteil von Wikis ist, dass hierzu keine Fachkenntnisse der Programmiersprache HTML erforderlich sind, denn das Content-Management-System umfasst nur einige wenige Formatierungsbefehle, die man leicht intuitiv verstehen und bedienen kann. Die Infos können als Fließtext eingegeben und problemlos verändert werden. Querverweise und Links führen zu einer weiteren Vernetzung des Wissensangebots und ermöglichen so ein komplexes Wissensmanagement.

Die größte Online-Enzyklopädie *Wikipedia* gilt inzwischen sogar als aktueller und umfassender als manche gedruckte Enzyklopädie, wenngleich die Qualität der einzelnen Beiträge enorm schwankt. Auch wenn durch die Vielzahl der Nutzer ein gewisser Qualitätsanspruch garantiert wird, sind Artikel zu wenig beachteten Themen nicht immer ausgereift. Durch die Nutzer wird gleichsam im Idealfall ein Konsens erzielt, was über ein Thema als wissenswert und bedeutsam gilt. Das Wiki ist damit ein Paradebeispiel für eine soziale Software. Jeder kann sein persönliches Wissen und seine Erfahrungen unmittelbar einbringen; und so verwundert es nicht, dass das hawaiianische Wort „wiki" „schnell" bedeutet.

Das Themenspektrum ist sehr weit gefasst; selbst Randthemen werden in Wikipedia erörtert. Inzwischen haben sich spezielle Wikis etabliert, die sich auf eine Zielgruppe wie Arbeitslose oder Fans ausrichten oder Wirtschaftsfachwissen zur Verfügung stellen wie die Plattform des „*Handelsblatts*" (www.handelsblatt.com/wirtschaftswiki) oder der Jura-Wiki der Universität Saarbrücken. Für Globetrotter und Vielreisende gibt es inzwischen ein *Wiki-Travel* (www.wikitravel.org). Auch How-to-Wikis, die erklären, wie man eine bestimmte Sache durchführt, verbreiten sich zunehmend. Für das Networking sind Wikis besonders geeignet, da sie gleichzeitig Plattformen für Kontakte zu Menschen bilden, die sich für spezielle Themen interessieren.

5.2 Social Bookmarking

Bookmarks sind Lesezeichen im Internet, die es erleichtern, eine interessante Webseite erneut aufzurufen. Die Technik gibt es bereits, seitdem die ersten Webbrowser auf den Markt kamen. Der Begriff „Bookmark“ stammt ursprünglich von „*Netscape*“; der *Internet Explorer* verwendet dafür das Wort „Favoriten“.

Social Bookmarks unterscheiden sich von diesen herkömmlichen Browser-Lesezeichen dadurch, dass sie auf Online-Plattformen abgelegt werden, so dass der Nutzer von jedem Rechner, also auch von einem Internetcafé, Zugriff hat und seine Favoriten abrufen kann. Der Nutzer kann dabei ausgewählte Lesezeichen für die Öffentlichkeit zur Einsicht freigeben und auf diese Weise einen ganz persönlichen Katalog an Themen und Webseiten zusammenstellen. Auf speziellen Seiten ist es anderen Usern möglich, die Lesezeichen zu kommentieren oder zu ergänzen. Sie können sie in andere Kategorien einordnen oder mit anderen Seiten über Schlagwörter zugänglich machen; diese werden als „Tags“ bezeichnet. Einer der wichtigsten Anbieter des Social Bookmarking ist *Delicious* (www.deli.ciol.us), der es auch ermöglicht Wunschlisten zu erstellen. Wer beispielsweise Geburtstag hat, kann eine solche Wunschliste aus Lesezeichen erstellen, die auf Geschäfte verweisen, die die gewünschten Geburtstagsgeschenke im Sortiment haben.

In Deutschland ist *Mister Wong* (www.mister-wong.de) einer der führenden Anbieter von Social Bookmarks. Viele Online-Redaktionen von wichtigen Zeitungen und Zeitschriften wie der *Süddeutschen Zeitung* oder der *Zeit* bieten die Möglichkeit an, für ihre Inhalte Lesezeichen zu setzen.

Das Social Bookmarking hat den Vorteil, dass spezifische Informationen und die dazu passenden Webseiten bereits im Überblick präsentiert werden. Eine lange Recherche über Suchmaschinen, die häufig ungeeignete Treffer zutage fördern, entfällt dadurch, da die wichtigsten Lesezeichen bereits ausgewählt sind. Das Social Bookmarking funktioniert daher wie ein redaktioneller Filter, der das Bedeutsame vom Unwichtigen oder Irrelevanten trennt.

Anbieter von Social Bookmarking:

Mister Wong	www.mister-wong.de
LinkArena	www.linkarena.com
Oneview	www.oneview.de
Del.icio.us	www.del.icio.us
Furl	www.furl.net
Digg	www.digg.com
Netselektor	www.netselektor.de
Folkd	www.folkd.com

Abb. 2: Beispiele für Social Bookmarking

Manche Anbieter von Social Bookmarking ergänzen das Angebot, indem sie auch Mail- oder Netzwerkfunktionen bereitstellen. So kann man durch ein Abonnement Mitglied bei Nutzergruppen werden, die sich über bestimmte Themen definieren, und es ist möglich, eine Buddyliste anzulegen, die die engsten Kontakte eines Nutzers zusammenfasst. Darüber hinaus gibt es inzwischen eigene Toolbars, die in den Browser integriert werden und so die Suche erleichtern.

Einige Anbieter wie *Netselektor* unterscheiden sich von anderen Social-Bookmarking-Diensten dadurch, dass sie die Lesezeichen redaktionell bearbeiten und inhaltlich aufbereiten, um so eine hohe Qualität zu sichern.

Für das Networking ist die Verwendung von Social Bookmarks sehr nützlich, denn sie erleichtern es, Menschen zu finden, die sich für ähnliche Themen interessieren. Dadurch dass nur dann Lesezeichen gesetzt werden, wenn ein Inhalt wirklich von Bedeutung ist, entsteht indirekt ein Expertenforum, das auch andere Menschen anspricht. Social Bookmarks sind eine entscheidende Alternative zu herkömmlichen Suchmaschinen, die häufig irrelevante Seiten auflisten oder solche, auf denen überwiegend Werbung erscheint. Während Suchmaschinen technische Kriterien und Algorithmen für die Auswahl einer Webseite verwenden, wird es durch das Social Bookmarking möglich, wertvolle Inhalte durch eine Community oder Expertengemeinschaft auswählen zu lassen. Durch das Bookmarking konzentriert sich die Suche auf die wirklich entscheidenden Internetseiten.

Manche Anbieter führen eine Rangliste der beliebtesten Webseiten auf und präsentieren diese in einem Webchart. Viele bedeutsame Internetportale, und insbesondere jene der führenden und meinungsbildenden Medien wie Spiegel, Stern oder die Süddeutsche Zeitung haben auf ihren Webseiten Social-Bookmarking-Funktionen installiert. Die Frequenz der Aufrufe und der dadurch entstehende Internetverkehr lässt sich auch für Marketingzwecke auswerten.

5.2.1 Virtuelle Welten

Als Kontaktbörsen sehr beliebt sind virtuelle Welten. Es handelt sich dabei um Universen, in dem sich online Abbilder der realen Welt präsentieren. So gibt es in der virtuellen Welt Städte und Dörfer, Einrichtungen, Parlamente und Unternehmen. Man kann dort virtuelle Grundstücke und Immobilien erwerben und diese wieder veräußern, Unternehmen eröffnen, Geschäfte tätigen und sogar heiraten. Virtuelle Welten bieten sich daher als spielerische Plattform für das Networking an, wenn auch die Zielsetzung mehr der private Bereich ist. Zunehmend entdecken aber Unternehmen die lukrativen Möglichkeiten des Marketing in einer fiktiven Welt.

Die Personen bewegen sich in dieser virtuellen Welt als Avatare – das sind gleichsam virtuelle Personen, so dass eine übergewichtige Person sich einen schlanken, durchtrainierten Körper wählen und individuelle Akzente setzen kann. Die Avatare bewegen sich durch virtuelle 3-D-Welten, in denen es Häuser, Straßen und andere Menschen (Avatare) gibt. Die Kommunikation mit anderen kann über den Chat in Echtzeit erfolgen oder über E-Mails, aber auch über Sprache mit Anbietern wie *Skype*, die Video- und Internettelefonie bereitstellen. Es gibt auch virtuelle Welten, die in anderen Zeitaltern – beispielsweise im Mittelalter – angesiedelt sind. Der bekannteste Anbieter ist *Second Life* (www.secondlife.com). In dieser virtuellen Welt ist im Prinzip alles möglich, was auch im realen Leben geschieht. Man kann durch Straßen und an Häusern vorbei flanieren, Cafés besuchen, (virtuelle) Menschen treffen, flirten, kommunizieren, Geschäfte tätigen und einkaufen gehen. Es gibt Strände und Gebirge, Konzerte und Kinos. Waren und Dienstleistungen werden in *Second Life* verkauft – die Währung dieser imaginären Welt ist der Linden-Dollar. Nutzer können reales Geld wie US-Dollar oder Euro gegen Linden-Dollar tauschen. Natürlich ist es auch möglich, das virtuelle Geld wieder in reales Geld zu tauschen. Einige wenige Nutzer können durch Immobilienspekulationen in *Second Life* oder durch Dienstleistungen sogar ihren Lebensunterhalt bestreiten.

Experten meinen schon heute, dass die Menschen im 21. Jahrhundert früher oder später in einer Vielzahl von virtuellen Welten wohnen werden; denn immer mehr Menschen finden es faszinierend, in einer virtuellen Wunschwelt zu leben. Vor allem wenn die Technologie weit voranschreitet und der Nutzer eines Tages das Gefühl haben wird, real in eine solche Welt einzutauchen, wird sich die gängige Vorstellung von dem, was als real oder virtuell angesehen wird, deutlich wandeln. Networking wird dann nicht nur darin bestehen, Kontakte mit Menschen zu knüpfen, die zu einem passen und mit denen man Interessen teilt, sondern zugleich das passende virtuelle Ambiente zu wählen. Wer gerne auf Hawaii oder in Tokio leben möchte, wird dies ebenso leicht bewerkstelligen können, wie jemand, der gerne ein Eiscafé oder ein Theater eröffnen möchte.

Schon heute nutzen Unternehmen die Möglichkeiten der imaginären Welt, indem sie dort Werbung schalten, Produkte und Dienstleistungen erklären oder Sponsoring für virtuelle Veranstaltungen betreiben. Auch Messen, Tagungen, Meetings und Hauptversammlungen können online abgehalten werden. Für die Unternehmen bedeutet ein solches Marketing in virtuellen Welten eine neue Herausforderung, denn auch die Verkäufer- und Berater-Avatare müssen professionelle Leistungen erbringen und sich den Besonderheiten dieser Welt anpassen. Eine Beratung, die nicht das gleiche Niveau wie in der realen Welt hat, wird so schnell zum Bumerang für das Unternehmen. Da sich in *Second Life* Menschen aus aller Welt rund um die Uhr einloggen, bedeutet das für den Anbieter, dass Avatare, die das Unternehmen repräsentieren, 24 Stunden am Tag verfügbar sein müssen. Für viele Unternehmen ist das Networking und das Marketing in virtuellen Welten noch ungewohnt. Mit dem Fortschreiten der Technologie und der Konstruktion immer realistisch erscheinender 3-D-Panoramen wird es aber zunehmend an Bedeutung gewinnen.

Neben *Second Life* haben sich noch andere virtuelle Realitäten etabliert; diese richten sich aber fast ausschließlich an die große Gemeinde der Online-Spieler und deren Fantasy-Welten.

Virtuelle Welten:

Second Life	www.secondlife.com
World of Warcraft	www..wow-europe.com
EverQuest	www.eqplayers.station.sony.com
Star Wars Galaxies	www.starwarsgalaxies.station.sony.com

Abb. 3: Beispiele für virtuelle Welten

5.3 Blogging als Networking

Blogs oder Weblogs sind eine Art Internettagebuch oder Journal mit interaktiven Elementen. Die Autoren haben die Möglichkeit auf einfache Weise – auch ohne Kenntnis von Programmiersprachen wie HTML – Inhalte ins Internet zu stellen, die dann von anderen Nutzern kommentiert werden können. Eine weitere wichtige Funktion ist die Verlinkung oder Verknüpfung mit anderen Webseiten oder Texten. Die Gesamtheit aller Blogs wird als „Blogosphäre" bezeichnet. Hinzu kommt ein so genannter RSS-Feed, eine Art Abonnement-System für Nutzer, die regelmäßig die Texte des jeweiligen Blogs lesen möchten. In Deutschland gibt es inzwischen weit über eine Million Weblogs, und das Spektrum umfasst sämtliche Themen, die man sich vorstellen kann. Weltweit wird die Zahl der Blogs auf über 80 Millionen geschätzt.

Mit Hilfe von Blogs können Sie gezielt ein Netzwerk aufbauen und neue Freunde finden. Wegen der persönlichen Darstellung und der Teilhabe am Alltagsleben erfreuen sich viele Blogs großer Beliebtheit. Allerdings ist der Aufwand ziemlich groß, denn Sie müssen regelmäßige Beiträge ins Internet stellen, um viele Menschen zu erreichen und an sich zu binden. Das Design ist dabei meist nebensächlich und rückt in den Hintergrund. Entscheidend sind die Tagebucheinträge (Postings), die meist umgekehrt chronologisch aufgelistet werden, so dass der neue Besucher der Webseite zuerst den aktuellsten Eintrag liest. Blogs wurden auch schon für politische Kampagnen und Nachrichten verwendet. Es gibt ein Ranking der wichtigsten Blogs in Deutschland, das man unter www.deutscheblogcharts.de abrufen kann.

Blogs werden inzwischen auch von Unternehmen genutzt – man spricht dann von Corporate Blogs. Generell wird zwischen persönlichen Blogs und Themenblogs unterschieden. Auch führende Tageszeitungen haben inzwischen Blogs zu speziellen Themen eingerichtet, um die Leser stärker mit einbeziehen zu können. Für Unternehmen bieten Blogs zahlreiche Vorteile; sie erhalten ein direktes und unverhülltes Feedback von den Kunden zu ihren Produkten und Dienstleistungen. Es besteht die Möglichkeit, ganz systematisch Zielgruppen anzusprechen und das Networking mit diesen Zielpersonen zu vertiefen und zu erweitern. Die Kundenbeziehungen werden auf diese Weise gestärkt, und es ist möglich, traditionelle Marketingkampagnen durch das Blogging zu unterstützen. Hintergrundberichte und exklusive Informationen für einzelne Nutzer tragen dazu bei, einzelne Zielgruppen gesondert anzusprechen und zu informieren. Dazu gehören interessante Artikel aus den Medien, Erfahrungsberichte von Kunden und Einblicke in den Unternehmensalltag. Weshalb sollte der Vorstand nicht ein Tagebuch seines Arbeitsalltags veröffentlichen?

Jedoch sollte man sich frühzeitig darauf einstellen, dass es auch negative Reaktionen und abwertende Kommentare geben kann. Unabhängig davon, ob es sich um einen privaten Blog oder um einen Unternehmensblog handelt, ist es wichtig, mit solchen Meinungen zu Rande zu kommen und souverän zu reagieren. Eine Löschung des Kommentars ist nur in Extremfällen anzuraten, da sonst die Authentizität des Blogs von den Besuchern in Frage gestellt wird. Da die Schlüsselbegriffe in Blogs von Suchmaschinen erfasst werden, ermöglicht das Blogging eine Suchmaschinenoptimierung und führt dazu, dass der eigene Unternehmensname in Suchmaschinen besser platziert wird.

Zu den Hosting-Diensten, die die **Errichtung neuer Blogs** ermöglichen, zählen:

- www.blog.de
- www.blogg.de
- www.blogger.com
- www.blogr.de
- www.livejournal.com

Es gibt so genannte Standalone-Lösungen, bei denen die Blogging-Software auf den eigenen Rechner geladen wird (wie z. B. www.wordpress.org). Eine Übersicht, über die verschiedenen Funktionalitäten und Möglichkeiten der Anbieter erhalten Sie unter www.blogworld.de/blogtools.

Als Führungskraft sollten Sie bei persönlichen Blogs Vorsicht walten lassen; denn eine allzu freimütige Schilderung Ihres Arbeitsalltags oder Ihres Privatlebens kann Nachteile mit sich bringen. Schon lange spielt bei der Karriere die „Googleability" und der einwandfreie Ruf im Internet eine wichtige Rolle.

Suchmaschinen für Blogs:

- www.blogsearch.google.de
- www.blogpulse.com
- www.seekport.de
- www.technorati.com

Wenn Sie einen Blog eröffnen wollen, sollten Sie einige Grundregeln beachten. Lesen Sie zuerst einige Blogs, die Sie interessieren. Dabei können Sie auch Weblogs wählen, die nichts mit Ihrem eigentlichen Thema zu tun haben, um einen ersten Einblick zu gewinnen. Suchen Sie dann spezifischere Blogs heraus, und betrachten Sie die Struktur des Blogs und die Kommentare. Sie haben nur dann Erfolg als Blogger im Rahmen des Networking, wenn Sie bereit sind, täglich zu schreiben. Blogger, die nur am Wochenende einen Beitrag liefern, verlieren sehr schnell Besucher. Ein eigener Blog setzt ein hohes Maß an Frustrationstoleranz und Kritikfähigkeit voraus, denn Sie müssen auch mit boshaften oder zumindest wenig feinfühligen Kommentaren klar kommen. Blogs müssen zudem regelmäßig beobachtet werden, denn Sie müssen die Reaktionen im Auge behalten, um einer Eskalation vorzubeugen. Aus diesem Grund kann es sinnvoll sein, Kommentare erst dann auf

Ihrem Blog erscheinen zu lassen, wenn Sie diese vorher gelesen haben. Eine Löschung sollten Sie aber nur in Extremfällen vornehmen, wenn die Äußerungen rechtliche Konsequenzen haben könnten.

So bereiten Sie einen Blog vor:

- Sammeln Sie bereits Monate zuvor viel Material, denn wenn Sie nicht genügend Text parat haben, wird Ihr Blog bald „einschlafen".
- Jeder Blog hat in der Regel einen „Blogroll"; das ist eine Liste mit interessanten Links, die der Autor den Nutzern empfehlen möchte. Seien Sie bei der Auswahl dieser Blogs sorgfältig, und führen Sie nur Verweise auf andere Weblogs auf, die für die Besucher nützlich und relevant sind.
- Beachten Sie die gesetzlichen Vorschriften für das Impressum, und befolgen Sie diese genauestens. Denn wer bei dem Impressum Fehler macht und nicht den neuesten Stand der Rechtsprechung mit einbezieht, kann sehr schnell abgemahnt werden.
- Stellen Sie sich als Blogger auf einer eigenen Seite („Über mich", „About") vor und geben Sie einige kurze Informationen zu Ihrer Biografie.
- Sie können zusätzlich Video- und Audiodateien auf Ihrem Blog präsentieren.
- Denken Sie daran, dass der Erfolg des Bloggings etliche Zeit benötigt. Im Durchschnitt werden Sie erst nach einem halben Jahr so viele Besucher und Nutzer haben, dass Sie von einem erfolgreichen Blog sprechen können.

Das Blogging hat das Internet persönlicher gemacht und dazu beigetragen, dass Networking einfacher wird. Wenn Sie eine Gemeinde von Interessierten um sich scharen, werden Sie es erheblich leichter haben, die für Sie wichtigen Kontakte herzustellen.

5.4 Webnews

Eine neue Form des Networking ergibt sich durch *Webnews* (www.webnews.de). Dieses Unternehmen ermöglicht es als Social News Community, Nachrichten selbst zu erstellen. Diese können einen stark örtlichen Bezug haben und auf diese Weise dazu beitragen, Netzwerke zu stärken und zu erweitern. Die Nutzer können die Nachrichten kommentieren und bewerten. Durch diese Form der Social News Community wird eine Form des Bürgerjournalismus betrieben, der das Networking erleichtert.

5.5 Video- und Audio-Podcasts

Die Innovation von Web 2.0 wäre unvollständig, gäbe es nicht die Vielzahl an Video- und Audiodateien, die das Internet bunter, vielfältiger und multimedialer gemacht haben. Die heutigen Video- und Audiodateien sind im Grunde Vorläufer und Pioniere für individuelles Fernsehen. Der Begriff Podcast setzt sich aus „Broadcasting“ (Rundfunk, Ausstrahlung einer Sendung) und dem bekannten *iPod* von *Apple* zusammen. Video- und Audiodateien erlauben den Nutzern ein eigenes Fernseh- oder Rundfunkprogramm zusammenzustellen, das von den Besuchern individuell zu jeder beliebigen Zeit abgerufen werden kann. Dieses Archiv an Dateien ermöglicht eine On-Demand-Funktion, die sich inzwischen viele Fernsehsender zunutze machen, um ihr Online-Angebot zu verbessern. Das IP-TV, das Internetfernsehen, ist nur die konsequente Fortsetzung dieses Trends. Filme für Video-Podcasts können inzwischen nicht nur von herkömmlichen Camcordern aufgezeichnet werden, sondern auch von Digitalkameras und Handys. Software, wie sie häufig mit dem Betriebssystem kostenlos ausgeliefert wird, ermöglicht es, das Filmmaterial fast schon professionell zu schneiden, mit Titeln und Abspann zu versehen und neu zu vertonen oder mit Musik zu unterlegen. Am bekanntesten unter allen Video-Podcast-Anbietern ist *You Tube*, das Millionen von Videoclips bereithält. Es gibt auch die Möglichkeit, solche Videos über RSS-Feeds zu abonnieren. Inzwischen sind sogar schon Videos (Vodcasts) zu finden, die die herkömmlichen Reportagen im Fernsehen ergänzen und Sequenzen von privaten Nutzern zeigen. In Deutschland hat sich das Portal *Clipfish* (www.clipfish.de) besonders etabliert, das zu einer RTL-Tochtergesellschaft gehört.

Für das Networking haben solche Videoclips eine herausragende Bedeutung, denn es wird dadurch wesentlich leichter, Kontakte zu knüpfen. Auch wenn Video- und Audio-Podcasts nur im privaten Bereich von Bedeutung sind, gewinnen sie an Popularität. Video-on-Demand wird inzwischen sogar von der Bundesregierung genutzt, um Ansprachen wöchentlich im Internet zu verbreiten.

Vodcasts sind sicher ein Medium der Zukunft, denn die Zeit, als Massenmedien ein breit gestreutes Themenspektrum der Öffentlichkeit anboten, ist vorbei. Spezialisierung und Zielgruppenorientierung sind heute die Leitbegriffe für das Medium der Zukunft. Networking bedeutet in diesem Zusammenhang, dass man die richtige Zielgruppe heraussucht und mit ihr Beziehungen knüpft. Abonnements und Downloads werden in Zukunft eine viel größere und bedeutsamere Rolle spielen als die Reichweite der herkömmlichen Medien.

Interessante und faszinierende Videos finden schnell Verbreitung und entsprechen dem, was man als virales Marketing bezeichnet. Durch interaktive Elemente wie E-Mails, Blogs und Links werden die Videos ein wichtiges Instrument für ein erfolgreiches Networking.

Wer sich für **Vodcasts als Mittel des Networking** interessiert, sollte einige Grundregeln beachten:

- Die Videos sollten möglichst professionell sein, um bei den Besuchern und Zielpersonen einen guten Eindruck zu hinterlassen. Eine schlechte Auflösung, eine unzureichende Beleuchtung und verwackelte Sequenzen lassen das Interesse schnell erlahmen. Im Zeitalter des HDTV mit Hochauflösung müssen auch Ihre Videos einen gewissen Qualitätsstandard vorweisen können.
- Achten Sie auf eine professionelle Schnitttechnik. Ungeschnittene Videos, die irgendwo anfangen und irgendwo aufhören, müssen schon sensationell sein, um Anklang zu finden. Machen Sie sich mit Videobearbeitungssoftware vertraut, und bearbeiten Sie die Filmsequenzen sinnvoll.
- Machen Sie sich Gedanken zur Untertitelung und zur Vertonung. Zu viele Zwischentitel geben Ihrem Vodcast ein unerwünschtes „Stummfilmflair“, und zu triumphale oder markante Musik lenkt den Betrachter vom Inhalt ab. Versuchen Sie, Ihren Videoclip als Gesamtkunstwerk zu gestalten.

- Achten Sie auf die Kommentare und E-Mails; denn an dieser Stelle beginnt Ihr Networking. Gehen Sie auf Ihre Besucher ein und führen Sie die Kommunikation fort.
- Die Videoclips verbreiten Sie nicht, indem Sie die ganze Datei versenden, diese Datenmenge wäre zu groß. Sinnvoll ist es, an Interessenten nur den Link zu übermitteln.

5.6 RSS

RSS (Really simple syndication) ist ein Abonnementsystem, das es erleichtert, Internetinhalte gezielt abzurufen. Sie können RSS-Feeds abonnieren, die sich auf unterschiedliche Inhalte beziehen: Das können Bilder, Texte, Nachrichten, Beiträge aus einem Blog oder Video- oder Audioclips sein. Dieses Abonnement kann über ein E-Mail-Programm oder über einen Browser abgerufen und dargestellt werden. Inzwischen ist es aber auch möglich RSS-Feeds über das Handy oder Smartphone zu empfangen. Wenn Sie einen Überblick über die Vielzahl von abonnierten Feeds behalten wollen, können Sie dazu ein spezielles Programm – einen so genannten RSS-Reader – einsetzen, der die Abonnements kategorisiert und ordnet.

Der Vorteil von RSS besteht darin, dass Sie die jeweilige Webseite nicht aufrufen müssen. Vielmehr werden die von Ihnen abonnierten Inhalte direkt geliefert, so dass Sie keine aktuellen Neuigkeiten mehr versäumen. Für Ihr Networking kann es sinnvoll sein, Ihren Blog oder Ihre Webseite mit RSS-Feeds auszustatten, so dass Interessenten Ihre Inhalte abonnieren können. Bei Unternehmen können RSS-Feeds das Marketing verbessern. Denn anders als bei einem Newsletter ist das Interesse von Abonnenten häufig größer, da sie stärker aktiv werden müssen, um ein Abonnement abzuschließen.

Wann sich RSS-Feeds lohnen:

- Wenn Sie auf Ihrem Blog nur unregelmäßig veröffentlichen, ist ein RSS-Feed unerlässlich. Denn Ihre Networking-Bemühungen werden ins Leere laufen, wenn Sie nur alle zwei oder drei Wochen einen Text oder eine Videosequenz veröffentlichen.

Damit Ihre Nutzer auch noch nach drei Wochen am Ball bleiben, ist ein RSS-Feed wichtig.

- Die Abonnenten werden dadurch sofort unterrichtet, wenn eine neue Meldung publiziert wird.

RSS-Feeds eignen sich neben den Texten auf Ihrem Blog auch für die Verbreitung von aktuellen Nachrichten, Tipps, Veranstaltungshinweisen, Bildern oder Videos.

5.7 Gemeinschaftsportale

Ein Merkmal des Web 2.0-Stadiums ist wechselseitiges „Verschlagworten" und Indexieren. Micro-Blogging mit Diensten wie *Twitter*, die es erlauben, kurze, SMS-ähnliche Nachrichten zu versenden, gehört ebenso dazu. Eine wichtige Neuerung, die sich für das Networking in besonders hohem Maße eignet, sind die Gemeinschaftsportale.

Ein **Gemeinschaftsportal** weist in der Regel folgende Merkmale auf:

- Die Mitglieder können ein persönliches Profil ins Internet stellen, das je nach Schwerpunktsetzung den beruflichen Werdegang, Hobbys und private Interessen skizziert.
- Die meisten Online-Netzwerke bieten die Möglichkeit, ein Adressbuch anzulegen, in dem interessante Kontakte der Netzwerkgemeinschaft und Links festgehalten werden können.
- Eine weitere wichtige Funktionalität sind die Kommunikationsmöglichkeiten (Versand von E-Mails, SMS, Instant-Messenger, Internettelefonie, Chat, Foren, Groups); außerdem können Benachrichtigungen weitergeleitet werden wie Newsletter, Termine von Veranstaltungen oder Aktualisierungen.
- Der neueste Trend ist das Micro-Blogging, bei dem kurze Nachrichten (mit weniger als 200 Zeichen) verschickt werden, die einer SMS ähneln. Als Medium verwendet man entweder eine E-Mail, Instant Messaging oder eine SMS. Bekanntester Anbieter ist *Twitter* (www.twitter.com).

Bei *Twitter* können die Teilnehmer Kurznachrichten versenden und veröffentlichen, die entweder für alle Nutzer sichtbar oder einem ausgewählten Kreis vorbehalten bleiben. Die Nachrichten können direkt auf der Webseite eingegeben werden, über Instant Messaging versandt werden oder als SMS über das eigene Handy übermittelt werden. Diese SMS-Funktion kommt vor allem bei aktuellen Ereignissen zu tragen, bei denen Personen live Bericht erstatten. Der Empfänger kann die Nachricht entweder direkt auf der Webseite verfolgen, sich diese über den Instant Messenger zukommen lassen oder über RSS-Reader oder das Handy empfangen.

Das Wort „*twitter*", was übersetzt „Gezwitscher" bedeutet, weist schon darauf hin, welche Beiträge in *Twitter* dominieren. Häufig werden triviale Nachrichten versandt, in denen die Mitglieder nachlesen können, wann jemand gerade Kaffee trinkt, das Frühstück zu sich nimmt oder ins Bett geht. Alltagsbegebenheiten stehen im Vordergrund, und so erreicht *Twitter* eher eng begrenzte Zielgruppen. Dennoch gewinnt *Twitter* immer mehr an Bedeutung, denn zunehmend werden aktuelle Ereignisse kommentiert. Dazu gehören vor allem große Sportereignisse, aber auch spektakuläre Katastrophen und Krisen; von dieser Krisenberichterstattung profitieren vor allem Nutzer, die gerade unterwegs sind. Aber auch Nachrichtenagenturen, Medienkonzerne und Fernsehsender haben schon Nutzer auf *Twitter* kontaktiert, wenn sie den Eindruck hatten, dass diese live von einem bedeutenden Ereignis berichten können. Durch *Twitter* entsteht häufig eine sehr enge, kleine Community, in der Networking in der Privatsphäre betrieben werden kann. Daher werden in *Twitter* auch persönliche Fragen erörtert; man kann sich erkundigen, ob jemand mit ins Kino geht, ob jemand ein passendes Rezept für das Mittagessen hat oder ob jemand ein Jobangebot kennt. Durch die Kurznachrichten, die über *Twitter* versandt werden, eignet sich das Medium weniger zum Veröffentlichen langer und ausführlicher Texte, sondern vielmehr zur alltäglichen Plauderei.

Klassische Instrumente für das Networking im Internet sind aber immer noch die Gemeinschaftsportale. Es gibt eine ganze Reihe von sozialen Netzwerken im Internet, die Millionen von Nutzern haben. Bereits im Jahr 2008 überschritt das populäre *Facebook* die Grenze von 100 Millionen Teilnehmern. Alle großen Internetdienstleister haben inzwischen begonnen, systematisch eigene soziale Netzwerke und Plattformen im Internet zu gründen oder aufzukaufen. Manche Netzgemeinschaften und Portale konzentrieren sich auf bestimmte Zielgruppen wie Studierende, Berufstätige oder Regionen.

Zu den bekanntesten Plattformen zählen:

- *Facebook (www.facebook.com)*
- *LinkedIn (www.linkedin.com)*
- *Lokalisten (www.lokalisten.de)*
- *MySpace (www.myspace.com)*
- *StayFriends (www.stayfriends.de)*
- *StudiVZ (www.studivz.net)*
- *wer-kennt-wen (www.wer-kennt-wen.de)*
- *XING (www.xing.com)*

Einige Portale haben sich auf das Online-Business-Networking fokussiert, das sich speziell an Führungs- und Fachkräfte richtet und dem Karriere-Networking dient.

Das 2003 zuerst unter dem Namen *OpenBC* gegründete *Xing* hat inzwischen viele Millionen Mitglieder aus fast 200 Ländern. Solche Online-Business-Netzwerke haben den Vorteil, dass sie sehr viele unterschiedliche Menschen mit ähnlichen Interessen und Zielen zusammenbringen. Dies können Führungskräfte, Mitarbeiter, Kunden und Kooperationspartner sein. Die globale Vernetzung ist dabei ein wichtiges Argument für die Verwendung solcher Netzwerke, denn im Jahr 2011 rechnet man weltweit mit über zwei Milliarden Internetnutzern.

Einige der Business-Netzwerke veranstalten Treffen und Meetings, die von bis zu 1000 Teilnehmern besucht werden. Das persönliche Treffen ermöglicht eine Vertiefung und Ausweitung der Kontakte. Erfahrungen zeigen, dass bei Internetplattformen oftmals sekundäre Kontakte von großer Bedeutung sind. Sekundäre Kontakte sind die Kontakte von anderen Kontaktpersonen. Es kann also sein, dass Sie in einem Online-Business-Netzwerk jemanden kennen lernen, der Ihnen zwar nicht unmittelbar weiterhelfen kann, der aber wiederum jemanden kennt, der Ihren Interessen entspricht. Inzwischen bieten einige Business-Netzwerke Jobs intern an, und Interessenten können sich die Stellenausschreibungen über E-Mail zuschicken lassen.

In den USA wurde inzwischen sogar eine spezielle Suchmaschine entwickelt, die es ermöglicht gezielt nach Geschäftskontakten zu suchen (www.zoominfo.com).

5.7.1 Xing

Xing (www.xing.com) ist inzwischen in Deutschland eines der wichtigsten und populärsten Online-Business-Netzwerke. Das chinesische Wort „*Xing*" bedeutet „es ist möglich", und im Englischen wird es als Kürzel für „*crossing*" gedeutet, nämlich das „Überkreuzen" von Kontakten. Nutzer, die angemeldet sind, können ihr privates und berufliches Profil in das Netz stellen und gezielt nach interessanten Kontakten suchen. Nur mit einer kostenpflichtigen Mitgliedschaft können Sie allerdings anderen Teilnehmern Nachrichten senden. Ein Kontakt kommt nur zustande, wenn der Betreffende auch einwilligt.

Xing kann dazu genutzt werden, Geschäftskontakte auszubauen und zu erweitern, neue Absatzmärkte zu erschließen, Fachforen zu initiieren, die Wissenschaftler für den Austausch von Expertenwissen und den Dialog nutzen können. *Xing* ist bislang in 16 verschiedenen Sprachen verfügbar.

Xing bietet neben den Kontaktmöglichkeiten, die auch Instant Messaging und die Nutzung von VoIP (Internettelefonie mittels *Skype*, Konferenzgespräche) umfassen und den Zugriff über internetfähige Handys ermöglichen, noch eine Reihe anderer Funktionalitäten:

- Veranstaltungskalender, Terminfunktionen
- Events (öffentliche und private Veranstaltungen, Gruppenevents)
- öffentliche Diskussionsforen
- geschlossene Benutzergruppen (Unternehmen, Organisationen)
- Regionalgruppen
- eine Jobbörse („*Marketplace*")
- Statistikfunktionen (Häufigkeit des Aufrufs des eigenen Profils)

Xing ist ein in Deutschland sehr etabliertes Online-Business-Network, das insbesondere Führungskräften, Akademikern, Unternehmern und Freiberuflern eine interessante Plattform mit vielen Funktionalitäten und Kontaktmöglichkeiten bietet.

5.7.2 Facebook

Facebook (www.facebook.com) ist ein amerikanisches Online-Netzwerk, das 2004 gegründet wurde und sich ursprünglich an die Studierenden der Harvard Universität richtete. Im Laufe der Jahre wurde die Plattform für alle amerikanischen Studenten und schließlich auch für ausländische freigegeben. Seit 2008 gibt es eine deutsche Version. Das Netzwerk hatte Ende 2008 schätzungsweise 140 Millionen Nutzer.

Facebook bietet folgende Dienste an:

- Erstellung eines Profils mit Fotos und Videos
- Jedes Profil hat eine öffentliche Pinnwand, an der Besucher Kommentare hinterlassen können.
- Veranstaltungen können geplant werden
- Gruppen für einzelne Fachthemen oder Meetings
- Marktplatz für Kleinanzeigen

Facebook ist in verschiedene Netzwerke untergliedert, die sich an Studierende, Schüler, Berufstätige und Personen aus einzelnen Regionen richten. Eine Besonderheit bei *Facebook* besteht darin, dass es eine Vielzahl kleiner Zusatzprogramme gibt, die von Programmierern erstellt wurden und auf der Plattform weitere Nutzungsmöglichkeiten eröffnen. Das Unternehmen finanziert sich über personalisierte Werbung.

Facebook ist vor allem dann für Sie interessant, wenn Sie in den USA studieren oder Kontakte in Nordamerika suchen. Zunehmend ermöglicht die internationale Ausdehnung das Networking in vielen anderen Ländern.

5.7.3 MySpace

MySpace (www.myspace.com) wurde ursprünglich als Host für Internetseiten gegründet und erst später in eine Online-Community umgewandelt. Die Besonderheit bei *MySpace* besteht darin, dass sich die Plattform vor allem an Musiker und Bands richtete und die Kommunikation zwischen diesen Künstlern verbessern wollte. Inzwischen haben jedoch Fanclubs sich stärker verbreitet. Einige Musikbands vermarkten ihre Kompositionen über die

Plattform. In jüngster Zeit gewinnt die Nutzung von Videos an Bedeutung. Als Networking-Plattform eignet sich *MySpace* eher für jüngere Leute; für Berufstätige und karriereorientierte Personen sind spezialisierte Online-Communities sinnvoller.

5.7.4 Die Beck Community

Die *Beck Community* (www.community.beck.de) des in München beheimateten *C. H. Beck* Verlags dient zugleich als Weblog (www.blog.beck.de) und als Gemeinschaftsportal und Networking-Forum für eine spezielle Zielgruppe. Hierzu zählen insbesondere Juristen, angehende Juristen (Studierende und Referendare), Steuerberater und Wirtschaftsprüfer. Neben diesen Berufsgruppen sind aber auch andere Interessenten willkommen. Die Plattform ermöglicht es, systematisch Kontakte zu knüpfen und neue Personen aus diesen Berufszweigen kennen zu lernen. Der Austausch von Informationen, Neuigkeiten und Fachwissen wird erleichtert.

Um die Diskussion stärker themenbezogen gestalten zu können, gibt es verschiedene Gruppen, die sich auf einzelne Rechtsgebiete spezialisiert haben. Beispiele für solche Gruppen sind:

- Bürgerliches Recht, Multimedia-Recht, Steuerrecht, Strafrecht
- Öffentliches Recht, Recht mit Auslandsberührung
- Kriminologie, eCommerce-Recht, IT-Recht, NJW-Leser

Eine Guided Tour stellt die einzelnen Funktionen ausführlich und anschaulich dar; darüber hinaus werden allgemeine Fragen zur Anmeldung und Bedienungsweise auf einer FAQ-Seite beantwortet.

Im Blog der *Beck Community* werden ausführlich juristische Fragen erörtert, die an aktuelle Nachrichten anknüpfen. Zahlreiche Experten und renommierte Juristen äußern sich sachkundig und informativ zu vielen verschiedenen Themen.

5.7.5 StudiVZ

Das Online-Kontaktnetzwerk der Verlagsgruppe *Holtzbrinck* (www.studivz.net) wurde 2005 gegründet. Das webbasierte soziale Netzwerk richtet sich in erster Linie an Studierende. Ableger der Plattform erschließen andere Zielgruppen wie Schüler und Hochschulabsolventen (*meinVZ*, www.meinvz.net). In Deutschland ist *StudiVZ* eines der erfolgreichsten Online-Netzwerke mit mehr als 12 Millionen registrierten Nutzern.

StudiVZ bietet folgende Dienste an:

- Erstellung eines Profils (in den Kategorien: Student, Schüler, Alumnus (ehemaliger Student), Abiturient, Hochschulmitarbeiter)
- Suchfunktionen
- Gruppen und Diskussionsforen
- Fotoalben
- Chat über den Instant Messenger („Plauderkasten")

Die Mitgliedschaft bei *studiVZ* ist kostenlos. Die Plattform finanziert sich über Werbung. Aufgrund ihrer großen Popularität ergeben sich insbesondere für Studierende und für Hochschulabsolventen viele Möglichkeiten, neue Kontakte zu knüpfen.

5.7.6 StayFriends

StayFriends (www.stayfriends.de) ist eine spezialisierte Plattform, die dazu dient, alte Schulfreunde ausfindig zu machen. Es wurden bereits Tausende von Klassentreffen auf diesem Weg organisiert, und es finden sich Zehntausende von Schulen als virtuelle Einrichtung auf *Stay Friends*. In den USA hat sich ein ähnliches Online-Netzwerk etabliert, das unter dem Namen *Classmates* (www.classmates.com) bekannt ist.

Bei *StayFriends* können Sie Kontakt mit alten Klassenkameraden aufnehmen und Klassentreffen anberaumen. Bisweilen können solche Verbindungen nützlich und hilfreich sein. Allerdings entsteht nach vielen Jahren der Berufstätigkeit und anderer Interessen oft eine gewisse Entfremdung, so dass es schwierig ist, an Gemeinsamkeiten anzuknüpfen. Wenn Sie im beruflichen Bereich Networking betreiben, kann es oft ratsamer sein, berufsspezifische Netzwerke heranzuziehen.

5.7.7 Wer-kennt-wen

Die 2006 gegründete Gemeinschaftsplattform *Wer-kennt-wen* (www.wer-kennt-wen.de) zählt mehrere Millionen Nutzer, die überwiegend in Deutschland leben. Anders als Portale, die sich an verschiedene Zielgruppen richten, ist *Wer-kennt-wen* an allen Nutzern interessiert. Eine Anmeldung ist nicht mit einem Pseudonym möglich. Weitere Angaben zur Person wie beispielsweise die Telefonnummer können aber weggelassen werden.

Wenn ein Nutzer einen anderen entdeckt, dann kann er auf die Funktion *„ich kenne X"* klicken und dem Betreffenden auf diese Weise eine Nachricht zukommen lassen. Bestätigt der Adressat den Kontakt, dann kommt die Kommunikation zustande. Das Besondere an *Wer-kennt-wen* ist, dass die bestehenden Kontakte zwischen zwei Nutzern verglichen werden können. Man findet auf diese Weise schnell heraus, welche gemeinsamen Bekannten man hat oder kann den Bekanntenkreis noch weiter ausdehnen, zumal die existierenden Kontakte auf einer Deutschlandkarte grafisch als Punkte veranschaulicht werden. *Wer-kennt-wen* bietet unter anderem folgende Funktionen an:

- die Erstellung eines Profils (auch mit personenbezogenen Angaben wie Hobbys, Alter, Interessen)
- eine Suchfunktion, die es gestattet, gezielt nach Profilen zu suchen
- Gründung von Gruppen für Diskussionen
- Erstellung von Fotoalben und Foto-Tagging (d.h. Zuweisung von Fotos zu einzelnen Profilen)
- Chat und andere Funktionen

Das Gemeinschaftsportal hat ein großes Spektrum an vielen unterschiedlichen Nutzern und ermöglicht es auf diese Weise, vielfältige Kontakte zu knüpfen.

5.8 Interessenportale

Spezifischer als Gemeinschaftsportale, bei denen das allgemeine Networking im Vordergrund steht, sind Interessenportale, bei denen das Kontakteknüpfen über bestimmte Interessen und Hobbys erfolgt. Solche Interessenportale sind nicht ursprünglich für die Bildung von Netzwerken gegründet worden, sondern um Hobbys und Interessen zu pflegen und um so eine Gemeinschaft zu bilden. Ein Beispiel dafür ist *LibraryThing*.

5.8.1 LibraryThing

Die zum Web 2.0 Stadium der Internetentwicklung zählende Plattform *LibraryThing* (www.librarything.de) macht es möglich, vorhandene Buchbestände oder Wunschlisten für Bücher privat oder öffentlich zu verwalten. Die Bücher können katalogisiert werden und mit bibliografischen Zusatzinformationen versehen werden. Bei der Eingabe einer ISBN werden verschiedene Bibliotheken wie die *Library of Congress*, die weltgrößte Bibliothek in Washington, Hunderte von internationalen Bibliotheken, nationale Bibliotheksverbunde oder Online-Buchhändler durchsucht. Die Einträge können mit Schlagwörtern (Tags) versehen werden, um die Suchfunktionen zu optimieren.

Andere Nutzer können in den öffentlichen Buchverzeichnissen nachschauen und so herausfinden, welcher andere Leser ähnliche Interessensschwerpunkte hat. Es können Buchempfehlungen ausgesprochen und Gruppen gebildet werden, die als Diskussionsforen dienen.

Speziell für wissenschaftliche Publikationen gibt es einen ähnlichen Dienst mit einer Social-Bookmarking-Funktion, der es ermöglicht, solche Publikationen gemeinsam zu kommentieren und zu lesen. Es ist unter dem Namen *CiteULike* (de.citeulike.org) bekannt.

6. Networking in der Freizeit

Im Privatleben spielen Kontakte eine wichtige Rolle. Ganz gleich, ob Sie jemanden brauchen, der die Freizeit mit Ihnen verbringt, Ihr Leben teilt oder nur ein Hobby mit Ihnen pflegt: Ohne Freunde und Bekannte ist das Leben viel ärmer und trostloser. Es ist allerdings erstaunlich, dass immer mehr Menschen Schwierigkeiten haben, den richtigen Partner oder Freunde und Bekannte zu finden. Der Grund dafür ist, dass die moderne Gesellschaft des 21. Jahrhunderts viel mehr Optionen bereit hält als früher. Noch vor einigen Jahrzehnten waren der Radius und damit die Kontaktmöglichkeiten sehr begrenzt. Wer in einer ländlichen Gegend aufwuchs, kannte meist nur die Menschen in der unmittelbaren Umgebung, die zudem ähnliche Werte, Ansichten und Weltanschauungen vertraten. Nur in den Großstädten zerbrachen die üblichen Beziehungen und festgefügten Anschauungen. Während auf dem Dorf streng nach der sozialen Herkunft ausgewählt wurde und häufig sogar die Konfession bei der Partnerwahl berücksichtigt wurde, haben insbesondere in den Ballungszentren solche Normen keine Bedeutung mehr.

Die Optionen, die heutzutage geboten werden, sind größer und vielfältiger. Menschen mit unterschiedlichen Interessen und Auffassungen begegnen sich, und die Auswahl ist viel umfassender geworden, so dass Sie bei Ihrem Networking mehr Chancen haben. Die Probleme vieler Führungskräfte und Berufstätiger bestehen darin, dass sie so sehr in ihre Arbeit vertieft sind und Überstunden machen. Sie haben kaum die Möglichkeit, abends noch andere kennen zu lernen oder Hobbys zu pflegen. Vor allem sehr leistungsorientierte und ambitionierte Personen leiden darunter, denn sie führen oft ein Leben in Isolation. Häufige karrierebedingte Ortswechsel und permanente Reisen führen dazu, dass Ehen frühzeitig scheitern, die Kinder nur noch am Wochenende gesehen werden und eine Entwurzelung entsteht, die für Unbehagen sorgt. In den Zeiten erhöhter Mobilität werden enorme Ansprüche an die Arbeitnehmer gestellt. Um so wichtiger ist es, dass Sie Ihr Networking in der Freizeit nicht als Nebensache ansehen. Versuchen Sie, Ihre Kontaktpflege auch im privaten Bereich zu systematisieren. Regelmäßigkeit ist hier eine Grundvoraussetzung für den langfristigen Erfolg. Es schadet Ihrer Work-Life-Balance, wenn Sie sich ausschließlich auf den Beruf fokussieren und nur von Termin zu Termin hetzen. Streben Sie in jedem Ihrer Lebensbereiche Ausgewogenheit an, und versuchen Sie, Ihr Leben so zu führen, dass Sie rundum glücklich und zufrieden sind.

Übung – Private Networking-Ziele: Definieren Sie Ihre privaten Networking-Ziele. Welche Freunde und Bekannte möchten Sie haben? Über welche Eigenschaften, Interessen oder Hobbys sollten diese Menschen verfügen? Überlegen Sie, wo Sie diese Personen treffen könnten und welches Umfeld dafür geeignet ist. Halten Sie Ihre privaten Networking-Ziele schriftlich fest, denn nur was Sie schwarz auf weiß sehen, werden Sie auch konsequent in die Praxis umsetzen. Machen Sie hinter jedes einzelne Ziel ein Kästchen, und kreuzen Sie es an, wenn Sie das Ziel erreicht haben. Falls Sie noch im Begriff sind, das Ziel zu verwirklichen, sollten Sie den Realisierungsgrad in Prozent angeben. Wenn Sie das Gefühl haben, dass Sie schon ein Drittel des Weges hinter sich gebracht haben, dann notieren Sie hinter dem Ziel „33%". Sie können den Zielerreichungsgrad auch grafisch durch einen Balken hinter dem Ziel veranschaulichen.

Durchschnittliche Networker kommen auf circa 100 Kontakte, wenn man alle Verwandten, Freunde und Bekannten mit einbezieht. Überdurchschnittlich erfolgreiche Networker hingegen können sogar mehr als 500 Kontakte schaffen. Ihre Networking-Kompetenz wird um so besser, je mehr Sie üben und täglich neue Beziehungen aufbauen. Um die Menschen zu treffen, die Sie suchen, sollten Sie Orte aufsuchen, an denen Sie Ihren Zielpersonen begegnen können.

Die meisten Menschen empfinden anfangs eine gewisse Unsicherheit, insbesondere wenn es darum geht, im privaten Umfeld ein Netzwerk auszubauen. Der Grund dafür ist häufig, dass man sich im beruflichen Kontext besonders sicher fühlt. Viele Führungskräfte können zwar im Unternehmen mit Mitarbeitern und Kunden hervorragend kommunizieren, haben aber erhebliche Probleme, wenn es darum geht, am Sonntag etwas mit den Kindern zu unternehmen. Die Kommunikation im privaten Umfeld läuft meist in anderen Bahnen als im geschäftlichen Bereich. Eine entscheidende Voraussetzung ist aber, dass Sie Ihre soziale Kompetenz ausbauen. Je mehr Kontakt Sie mit anderen Menschen haben, desto versierter und geschickter werden Sie in den Beziehungen und im Beziehungsaufbau.

Einige Tipps für den Beziehungsaufbau:

- Lernen Sie, aktiv zuzuhören. Die meisten Menschen mögen es, wenn man ihnen Aufmerksamkeit schenkt. Stellen Sie Rückfragen und bekunden Sie Interesse an Ihrem Gegenüber.
- Lächeln Sie und halten Sie den Blickkontakt.
- Sprechen Sie die Menschen, mit denen Sie sich unterhalten, mit dem Namen an.
- Stärken Sie das Selbstwertgefühl der Menschen, mit denen Sie Kontakt haben, indem Sie sie häufiger aufrichtig loben.

Bevor Sie Ihr Projekt, Ihr Netzwerk auszubauen oder den Partner fürs Leben zu finden, starten, sollten Sie selbst erst einmal Ihre innere Ruhe finden. Nichts ist kontraproduktiver als unter Druck, Beziehungen aufbauen zu wollen. Sehr schnell werden Ihre Gesprächspartner spüren, dass Ihr Versuch, Kontakte zu knüpfen, einer Pflichtübung gleicht, an der Sie keine echte Freude haben. Sie vermitteln anderen das unterschwellige Gefühl, dass Sie dringend darauf angewiesen sind, Beziehungen herzustellen. In einer solchen Krisensituation werden Sie genau das Gegenteil erreichen: Die Menschen werden sich zurückziehen, und Ihre Erfolge beim Networking werden bescheiden sein. Deshalb müssen Sie zuerst einen gewissen Grad an Zufriedenheit mit sich selbst erreichen. Nur wenn Sie nicht auf Kontakte angewiesen sind, wenn Sie mit sich und Ihrem Leben im Reinen sind, werden Sie die notwendige Gelassenheit aufbringen, um andere Menschen kennen zu lernen. Je glücklicher und zufriedener Sie mit sich sind, desto mehr werden Sie dieses Glück auf andere ausstrahlen – und das macht Sie in den Augen Ihrer Umwelt attraktiv.

Die Lösung des Problems lautet also: Sie müssen nicht Beziehungen knüpfen, um erfolgreich zu sein, sondern Sie müssen zuerst erfolgreich sein, um die richtigen Beziehungen erreichen zu können. Nur wenn Sie derjenige sind, der Sie sein wollen, werden die anderen Sie auch so wahrnehmen und erkennen, dass Sie dabei glücklich und zufrieden sind.

Für das Networking ist dies ein Dilemma: Wie kann ich erfolgreich werden, wenn ich keine Beziehungen habe? Aber ich habe keine Beziehungen, weil ich im Augenblick nicht glücklich bin. Die Lösung für diesen Zwiespalt besteht darin, dass Sie sich mit jedem Tag etwas glücklicher machen. Sie müssen Ihr Selbstwertgefühl stärken und aufbauen. Dies können Sie, indem Sie nach Dingen suchen, die Ihnen Freude und Glück bereiten.

Auch wenn Sie unter erheblichem Zeitdruck stehen, Ihr Terminkalender zum Bersten gefüllt ist und Sie eine Fülle von Aufgaben zu erledigen haben, sollten Sie sich diese Auszeit gönnen; denn nur wenn Ihr Leben sich in einer Balance befindet, können Sie letztlich erfolgreich werden. Häufig ist die Behauptung, man habe keine freie Zeit, nur eine Ausflucht, um die Dinge nicht zu tun, die eigentlich wichtig sind. Denken Sie daran, wie viel Zeit die Menschen nutzlos mit Fernsehen vergeuden. Auch in Ihrem Terminkalender ist genügend Freiraum, um sich wenigstens ein paar Glücksmomente in der Woche zuzugestehen.

Übung – Der Spiegel: Viele Menschen, auch jene, die vordergründig erfolgreich sind, leiden unter einem zu geringen Selbstwertgefühl. Um dies zu stärken, können Sie folgende Übung machen. Stellen Sie sich vor einen Spiegel und sagen Sie lächelnd zu sich selbst die folgenden Worte: „Ich bin etwas ganz Besonderes. Ich bin sehr glücklich und erfolgreich. Ich bin ein wunderbarer Mensch." Auch wenn es Ihnen albern und skurril erscheint, sollten Sie diese Übung machen. Sie müssen ja nicht unbedingt im Beisein Ihrer Familie Ihr Selbstwertgefühl stärken. Suchen Sie sich ein ruhiges und ungestörtes Örtchen und loben Sie sich selbst. Allerdings müssen Sie diese Übung regelmäßig, d. h. jeden Tag, durchführen. Sagen Sie die Sätze mindestens zehn Mal auf, denn je häufiger Sie etwas aussprechen, desto stärker dringt es in Ihr Unterbewusstsein und verankert sich dort. Wenn es Ihnen am Anfang komisch vorkommt, so ist dies eine normale Reaktion. Aber denken Sie daran: Sie selbst müssen von sich überzeugt sein. Glauben Sie etwa nicht, dass Sie ein wunderbarer Mensch sind? Sie sind es, und Sie sollten keinen Zweifel daran haben.

Bevor Sie nun aktiv mit Ihrem Networking starten, sollten Sie eine Bestandsaufnahme machen, die Ihnen zeigt, wo Sie im Augenblick stehen und welche Richtung Sie einschlagen wollen. Ob es uns bewusst ist oder nicht, jeder von uns hat bereits ein mehr oder minder umfangreiches Netzwerk aus Freunden, Bekannten, Kollegen und Verwandten. Daher kann es hilfreich sein, sich diese Tatsache bewusst zu machen und zu überlegen, welchen Bereich Sie erweitern möchten. Folgende Übung kann Ihnen dabei helfen.

Übung – Ihr Networking-Kreis: Legen Sie in die Mitte eines Zimmers (Ihres Wohn- oder Arbeitszimmers) einen Gegenstand, der für Sie steht und Sie repräsentieren soll. Das kann ein Buch, ein Souvenir, ein Ball, ein Stein, Ihr Tagebuch oder etwas anderes sein. Sie sollten eine gewisse persönliche Bindung an diesen Gegenstand haben. Dann nehmen Sie einige kleinere Zettel oder Post-its und notieren auf jedem Zettel den Namen einer Person, die Sie kennen. Versuchen Sie möglichst vollständig die Personen, die Ihnen spontan einfallen, zu notieren und alle wichtigen Menschen zu erfassen, die in Ihrem Leben bedeutsam sind. Dann platzieren Sie diese Zettel im Raum. Stellen Sie sich vor, dass Sie in diesem System die Sonne sind, um die die verschiedenen Planeten kreisen. Wenn Sie zu Ihren Kollegen ein eher distanziertes Verhältnis haben, dann legen Sie den Zettel auf eine äußere Umlaufbahn, wie sie der Pluto um die Sonne beschreibt. Die Menschen, die Ihnen am meisten bedeuten, platzieren Sie dagegen ganz in der Nähe Ihrer „Sonne". Wenn Sie alle Zettel verteilt haben, dann überlegen Sie Folgendes: Welche Beziehungen befinden sich in der richtigen Umlaufbahn? Mit welchen Menschen sind Sie besonders glücklich und zufrieden? Welche Personen sind weit von Ihnen entfernt und kreisen am Rande Ihres Sonnensystems? Wen möchten Sie gerne in eine sonnennahe Umlaufbahn rücken? Mit wem möchten Sie mehr Kontakt haben?

Diese Übung hilft Ihnen, sich einen Überblick über Ihr Beziehungsnetz zu verschaffen. Denken Sie darüber nach, welche Beziehungen Sie möglicherweise reaktivieren könnten, die sich im Laufe der Zeit verflüchtigt haben. Vielleicht möchten Sie gerne wieder einmal einen alten Schulkameraden oder einen Nachbarn treffen? Vielleicht erinnern Sie sich an einen ehemaligen Kollegen oder Kommilitonen, den Sie aus den Augen verloren haben? Oder auf der letzten Messe ist Ihnen jemand begegnet, dessen Visitenkarte Sie noch haben?

Im nächsten Schritt sollten Sie Ihre Beziehungen klassifizieren. Auch wenn Ihnen dies bürokratisch und übertrieben erscheinen mag, entwerfen Sie ein Kategoriensystem und ordnen Sie alle Ihre Kontakte ein. Unter der Kategorie A notieren Sie alle Menschen, die zu Ihrem innersten Kreis gehören und die Ihnen alles im Leben bedeuten – beispielsweise Ihr Partner, Ihre Kinder und Ihre engsten Freunde. In die Kategorie B fallen Personen, zu denen Sie eine regelmäßige Beziehung unterhalten – beispielsweise Freunde, mit denen Sie sich relativ regelmäßig treffen und etwas gemeinsam unternehmen. Auch Kollegen oder Verwandte, denen Sie vertrauen, gehören hierzu. Unter C fügen Sie die Menschen ein, mit denen Sie gelegentlich plaudern und die Sie kennen, zu denen Sie aber nur ein lockeres Verhältnis haben. Das können Nachbarn oder Bekannte sein. Die Kategorie D reservieren Sie für Menschen, die Sie nur relativ flüchtig kennen, die aber in Ihrem Leben auftauchen – beispielsweise Ihr Hausarzt, der Bäcker um die Ecke, der Steuerberater und andere. Überlegen Sie nun, welche der Kategorien nach Ihrem Ermessen zu dünn besetzt ist, wo Sie das Gefühl haben, dass Sie mehr Menschen kennen müssten. Denken Sie auch darüber nach, ob es einzelne Personen gibt, die Sie näher kennen lernen müssten und die Sie lieber in einer anderen Kategorie einstufen möchten.

Nun sollten Sie beginnen und Kontakte knüpfen oder auffrischen. Die größte Hemmschwelle besteht meist darin, einen Einstieg zu finden. Im privaten Bereich sollten Sie auf „sicherem Terrain“ beginnen, wenn Sie Startprobleme haben. Das bedeutet: Kontaktieren Sie zuerst die Freunde, Verwandten und Bekannten, die Sie bereits seit langem kennen. Ähnlich wie beim Marketing ist eine „Kaltakquise“ von völlig unbekannten Menschen viel risikoreicher und mühsamer als die Pflege von Beziehungen zum Stammkunden. Ihre „Stammkunden“ sind gleichsam die Menschen, die Sie seit langem kennen und schätzen.

Übung – Der Ausgangspunkt: Machen Sie eine Liste aller Menschen, die den Ausgangspunkt für Ihren Networking-Beginn im privaten Bereich bilden. Das können Verwandte sein, die Sie schon lange nicht mehr getroffen haben. Vielleicht Ihre Cousine Greta oder Tante Erna? Versuchen Sie zu erreichen, dass diese Personen Sie wieder anderen vorstellen. Vielleicht lädt Sie Ihre Schwester zu einer Gartenparty ein, oder Ihr Bruder stellt Sie seinen Kunden vor? Machen Sie mit Ihren Freunden oder Bekannten einen regelmäßigen Termin wöchentlich aus, der in einem Café stattfindet. Nehmen Sie an dieser zwanglosen Plauderrunde teil und genießen Sie die Chancen, die sich Ihnen bieten. Tasten Sie sich langsam vor, und erweitern Sie Schritt für Schritt Ihr privates Netzwerk.

Rufen Sie am besten noch heute jemanden an und fragen Sie, ob man gemeinsam etwas unternehmen könnte. Schlagen Sie vor, ins Café zu gehen und einen Cappuccino zu trinken, ein Kino oder ein Theaterstück zu besuchen. Sie können sich im Erlebnisbad verabreden, einen Zoobesuch einplanen oder eine Wanderung machen. Sie selbst werden wissen, was Ihnen am meisten gefällt und behagt.

Das Wichtigste beim Networking ist, dass Sie das Kontakteknüpfen üben und es genießen. Auch wenn Sie unter Ihrem bisherigen Freundes- und Bekanntenkreis nicht Ihren Traumpartner oder den karriereförderlichen Kontakt finden, so hilft Ihnen das Beisammensein, Ihre soziale Kompetenz und Ihre Kommunikationsfähigkeit deutlich zu verbessern. Sie werden darüber hinaus ganz beiläufig viele andere Menschen kennen lernen.

Solche Kontakte dienen letztlich dazu, Ihre Networking-Fähigkeiten zu stärken und zu verbessern. Wenn Sie nun ganz bestimmte Personen suchen, die Ihr Hobby, Ihre Interessen oder Lebensziele teilen, dann sollten Sie einen zweiten Schritt tun und gezielt jenes Umfeld aufsuchen, wo Ihre Chancen am größten sind.

Übung – Fünf Hobbys: Schreiben Sie, ohne nachzudenken oder länger zu überlegen, fünf Dinge auf, die Ihnen Freude bereiten. Auch wenn Ihnen eine Aktivität oder ein Hobby skurril vorkommt, üben Sie keine Zensur aus, sondern schreiben Sie es nieder. Wenn Sie nun fünf Aktivitäten oder Hobbys notiert haben, denken Sie darüber nach, wie Sie diese verwirklichen können. Wenn Sie beispielsweise gerne Angeln möchten, dann recherchieren Sie im Internet, und finden Sie heraus, ob es in Ihrer unmittelbaren Nähe einen Verein gibt, bei dem Sie mitmachen können. Gehen Sie in Ihre Stadtbücherei, und besorgen Sie sich einige Standardwerke über das Angeln, oder lesen Sie einen Artikel in *Wikipedia* über das Hobby. Nehmen Sie regelmäßig an den Treffen des Vereins teil, und gehen Sie auch zu den sonstigen Veranstaltungen wie dem Stammtisch oder zu Exkursionen. Machen Sie einen Aktionsplan, der alle Aktivitäten umfasst, und fügen Sie hinter jeder Handlung ein Kästchen an, das Sie ankreuzen, wenn Sie die Aktivität ausgeführt haben.

Wenn Ihre Liste nach einer Woche nicht vollständig mit Kreuzen versehen ist, sollten Sie sich fragen, was Sie daran gehindert hat, Ihren Aktionsplan zu verwirklichen. Waren Sie beruflich so sehr eingespannt, dass Sie die Aktivitäten aufschieben mussten? In den meisten Fällen ist dies nur eine Ausrede, um nicht Networking betreiben zu müssen. Wenn Ihnen eine Aktivität wirklich wichtig ist, werden Sie es problemlos schaffen, genügend Zeit freizuschaufeln. Fragen Sie sich deshalb: Möchte ich wirklich dieses Hobby betreiben oder diese Menschen kennen lernen? Horchen Sie tief in sich hinein: Wenn Sie ein ungutes oder mulmiges Gefühl verspüren, sollten Sie Ihr Ziel noch einmal überdenken. Vielleicht können Sie sich doch nicht mit der Idee anfreunden, Karpfen vom Angelhaken zu entfernen, oder die Idee, jeden Tag drei Kilometer zu laufen, erscheint Ihnen zu beschwerlich. Sie müssen dabei unterscheiden: Habe ich Angst, weil ich mich in einem unbekannten Umfeld bewege? Natürlich ist es für jeden Menschen anfangs mit Herzklopfen verbunden, wenn Sie ein neues Hobby beginnen. Wie werden die anderen reagieren, wenn ich etwas nicht sofort kann? Aber denken Sie daran, dass auch die anderen klein angefangen haben. Ihre Angst ist völlig unbegründet, denn in den meisten Fällen werden Sie auf Verständnis und Unterstützung stoßen. Und jene Zeitgenossen, die über Ihr Ungeschick schmunzeln, sollten Sie ignorieren; denn diese offenbaren durch ihr Verhalten nur ihre eigene Unsicherheit. Sollten Sie in einem Umfeld überhaupt nicht heimisch werden, suchen Sie sich ein anderes. Die Welt ist groß, und es gibt auf diesem Globus Milliarden von Menschen. Je genauer Sie Ihr Zielfeld und Ihre Zielpersonen definiert haben, desto größer ist Ihre Chance, genau den Menschen zu treffen, den Sie suchen und der zu Ihnen passt.

Übung – Ihre Werte: Ihre Erfolgsaussichten steigen, wenn Sie sich selbst besser kennen lernen. Ein wichtiger Punkt dafür, die richtigen Kontakte zu finden, ist, sich seine eigenen Werte bewusst zu machen. Jeder Mensch hat, ob er sich dies nun eingesteht oder nicht, einen Wertekanon, der die Handlungen und Ansichten im Alltag bestimmt. Welche Werte haben Sie? Seien Sie offen, und stehen Sie zu Ihren Werten, denn erst dann können Sie Ihren Suchradar auf die Menschen ausrichten, die Ihnen etwas bedeuten. Nur wenn Sie aufrichtig sind und zu Ihren ureigensten Werten stehen, können Sie diese auch bei anderen wahrnehmen und schätzen. Was ist Ihnen wichtig? Machen Sie spontan eine Liste mit zehn Werten. Ist Ihnen Erfolg wichtig, oder legen Sie mehr Wert auf Familie oder Geborgenheit? Ist es Ihnen wichtig, ehrlich zu sein oder bevorzugen Sie Diplomatie? Möchten Sie unabhängig sein, oder halten Sie Gemeinsinn für bedeutsamer? Welchen Rang haben für Sie Werte wie Freiheit, Beständigkeit, Loyalität, Treue und Vertrauen? Nachdem Sie Ihre Liste der zehn Werte angefertigt haben, überlegen Sie bitte, welche drei Werte für Sie auf den Spitzenplätzen stehen. Listen Sie Ihre drei Favoriten auf.

Im Alltag sollten Sie nach Menschen suchen, die Ihre drei Grundwerte verkörpern und vorleben. Die Aussicht auf eine lange, befriedigende und dauerhafte Beziehung oder Freundschaft wird größer, wenn diese Personen Ihre wichtigsten Grundwerte teilen. Nur in kitschigen Hollywood-Filmen sieht man vermeintlich glückliche Paare oder Beziehungen, in denen konträre Ansichten aufeinander prallen und die Fetzen fliegen. Die Realität sieht jedoch anders aus: Je größer die Gegensätze sind und je tiefer die Kluft zwischen zwei Menschen ist, desto geringer ist die Chance auf ein gutes Gelingen. Gegensätze mögen reizvoll und faszinierend sein; aber bereits nach einigen Tagen oder Wochen verflüchtigt sich der Glanz des Neuen, und der Alltag kehrt ein. Die Vorstellung, man könnte jede Kluft und jeden Unterschied problemlos beiseite schieben, erweist sich oft als Illusion. So findet man in der Praxis auch fast nur Netzwerke, die aus Menschen mit ähnlichen Eigenschaften und Wertvorstellungen bestehen. Das ist sicherlich bedauerlich, aber in der Realität müssen Sie mit großen Widerständen umgehen können, wenn Sie daran etwas ändern wollen.

Im Prinzip gibt es drei Taktiken: Sie verheimlichen, welche Werte, welchen Hintergrund und welche Ansichten Sie haben. Dieses Vorgehen ist aber fraglich, da Sie dann nur als jene Person akzeptiert werden, als die Sie sich präsentiert haben. Die anderen werden Sie als unauthentisch und seltsam maskenhaft erleben, da Sie einen Teil Ihrer Identität verbergen. Im beruflichen Kontext kann ein solch strategisches Spiel sogar nützlich und unentbehrlich sein. Im privaten Bereich schafft es aber eine unsichtbare Wand, die Sie von den anderen abschirmt. Die zweite Möglichkeit besteht darin, Ihre Werte und Ansichten nach außen hin kundzutun. In diesem Fall werden Sie einige Menschen, die nicht in Ihr Schema passen, vor den Kopf stoßen oder sogar brüskieren. In vielen Vereinen und Gemeinschaften gibt es einen subtilen Konsens, welche Werte erwünscht und welche unerwünscht sind. Mit dieser Springinsfeld-Taktik können Sie natürlich bei den Menschen punkten, die Ihre Werte teilen und deren Sympathie erringen. Die dritte Taktik ist die Salami-Taktik. Sie schließen sich einem Verein oder einem Personenkreis an, der vielleicht Ihre Lebenseinstellung nicht teilt. Wenn Sie das Gefühl haben, dass diese Menschen mit Ihnen Freundschaft schließen, können Sie sozusagen Schritt für Schritt Ihre eigenen Vorstellungen einbringen und die anderen daran gewöhnen. Mit dieser Taktik der kleinen Schritte erreichen Sie eine allmähliche Akzeptanz.

Wesentlich einfacher und erfolgversprechender ist es jedoch, wenn Sie sich dort auf die Suche machen, wo Sie am schnellsten fündig werden und wo Ihre Wertvorstellungen und Lebensziele anerkannt werden. Schließlich würde auch niemand auf die Idee kommen, ein Auto in einer Apotheke kaufen zu wollen. Eine Topmanagerin, die ihre Freunde in einem Schrebergartenverein sucht, mag Glück haben, aber wahrscheinlich ist es nicht. Ein Sportfreak, der Surfen, Mountainbiking und Marathons liebt, wird in einem Schachclub vermutlich nicht zufrieden sein. Obwohl es einleuchtend klingt, suchen viele Menschen gerade an Orten, wo ihr Misserfolg vorprogrammiert ist. Überlegen Sie daher genau, wo Sie die für Sie richtigen Menschen finden. Gehen Sie bei dieser Suche keine Kompromisse ein, denn wenn Sie mit einer Beziehung nicht zufrieden sind, werden Sie langfristig scheitern.

Echte Freundschaften setzen einen beständigen Umgang voraus. Sie müssen sich mit Ihren Freunden regelmäßig treffen; denn eine Beziehung hält langfristig nur, wenn man auf gemeinsame Erlebnisse zurückgreifen kann, an die man sich gerne erinnert. Freundschaft bedeutet auch, dass man sich öffnet und den anderen am eigenen Leben teilhaben lässt. Freundschaft setzt Ehrlichkeit, Vertrauen und Aufrichtigkeit voraus – sie ist ein ständiges Geben und Nehmen.

Übung – Tagträume: Auf Ihrem Weg zu guten Beziehungen kann es Ihnen helfen, wenn Sie einen Tagtraum dazu benutzen, sich eine ideale Situation auszumalen. Setzen Sie sich bequem in einen Sessel und fangen Sie an, Ihren Tagtraum zu genießen. Stellen Sie sich vor, wie Sie

Ihrem Traumpartner begegnen. Was fühlen Sie? Welche Kleidung tragen Sie? Was sagen Sie? An welchem Ort findet Ihre Begegnung statt? Wie ist Ihr Gesichtsausdruck? Versuchen Sie, dieses Glücksgefühl und diese Zuversicht auch dann zu bewahren, wenn Ihr Tagtraum zu Ende ist. Was hält Sie davon ab, Ihren Tagtraum zu verwirklichen? Tun Sie den ersten Schritt, der Sie zu Ihrem Ziel führt. Machen Sie eine Verabredung, rufen Sie jemanden an. Vereinbaren Sie noch heute einen Termin.

Bei der Suche nach Ihrem Partner, nach Freunden oder hilfreichen Kontakten ist es entscheidend, dass Sie Kontinuität zeigen und am Ball bleiben. Networking ist stets ein langfristiges Projekt, das Ausdauer und Beharrlichkeit erfordert.

Übung – Ihre glücklichsten Momente: Was sind die glücklichsten Momente in Ihrem Leben bisher gewesen? Notieren Sie sich mindestens fünf davon, und versuchen Sie, sich diesen Augenblick so realistisch und plastisch wie möglich zu vergegenwärtigen. Erinnern Sie sich, was Sie damals gespürt, gefühlt, gedacht, gesehen und erlebt haben. Rufen Sie alles bis in alle Einzelheiten in Ihr Gedächtnis zurück. Wenn Sie sich dann in einer Situation überfordert oder unglücklich fühlen, dann denken Sie an Ihre schönsten und glücklichsten Momente im Leben. Fragen Sie sich: Weshalb sollte Ihr Leben nicht immer so sein? Schöpfen Sie Mut – ändern Sie die Dinge, die Sie in Ihrem Leben nicht haben wollen. Sie können es schaffen, denn fast nichts ist unmöglich, wenn Sie sich auf den Weg machen.

Wenn Sie das Gefühl haben, dass Sie mit Ihrem Networking nicht wirklich vorankommen, dann kann es daran liegen, dass Sie das Projekt zu verbissen und eifrig verfolgen. Networking setzt immer eine gewisse Gelassenheit voraus. Es geht nicht darum, Rekorde zu erzielen oder Meisterleistungen zu erbringen. Häufig hindert Sie die Arbeit daran, sich zu entspannen und sich auf etwas Neues zu konzentrieren. In diesem Fall sollten Sie den kleinen und alltäglichen Dingen im Leben mehr Aufmerksamkeit widmen.

Übung – Gönnen Sie sich kleine Belohnungen im Alltag: Trinken Sie, wenn Sie gerade ein paar Minuten erübrigen können, eine gute Tasse Kaffee oder Tee. Machen Sie einen kleinen Spaziergang im Park oder im Garten. Hören Sie eine Musik, die Ihnen gefällt und Sie aufbaut. Telefonieren Sie mit jemandem, den Sie mögen. Schreiben Sie in Ihr Networking-Tagebuch, welche Glücksbringer und kleine Belohnungen Sie sich an jedem Tag gegönnt haben. Es sollten täglich mindestens drei sein. Sie werden sehen: Nach einiger Zeit fühlen Sie sich viel besser und glücklicher.

Wenn Sie Ihr Networking-Projekt immer wieder auf einen anderen Tag verschieben und so das Ganze endlos hinauszögern, dann sollten Sie sich folgende Gedanken machen: Was geschieht eigentlich, wenn Sie eines Tages sterben müssen? Werden Sie dann sagen: Wie toll – ich habe mein Leben damit verbracht, auf den richtigen Partner oder die richtigen Freunde zu warten. Auch wenn Sie es meist verdrängen – irgendwann ist Ihr Leben zu Ende. Sie werden irgendwo auf einer Intensivstation liegen, vielleicht an einem Beatmungsgerät hängen und sich fragen: Wo ist eigentlich mein Leben geblieben? Was habe ich versäumt? Sie werden sich vorwerfen, dass Sie nicht immer die Chance ergriffen haben, die sich Ihnen bot; Sie werden sich vorwerfen, dass Sie nicht mutig genug waren und viel Zeit mit unnützen Dingen vergeudet haben. Sie werden zu sich sagen, dass Sie nie den wundervollen Menschen kennen gelernt haben, den Sie so sehr bewundert haben. Sie werden es bereuen, dass Sie nie in Venedig oder Los Angeles waren. Sie werden verbittert darüber sein, dass Sie nie Ihr Hobby weitergeführt, einen Baum gepflanzt oder ein Haus gebaut haben. Sie werden es bereuen, dass Sie nie mehr Menschen kennen gelernt haben.

Aber nun die gute Nachricht: Sie haben eine Chance – Sie liegen nicht auf der Intensivstation. Sie können es ändern: hier und jetzt! Fangen Sie also an, die Menschen kennen zu lernen, die Ihnen wichtig sind und die Ihr Leben bereichern können. Auch wenn Sie Fehler begehen oder Rückschläge erleiden; viel schlimmer wäre es, wenn Sie es nie versucht hätten. Sie würden es sich noch in Ihrer Todesstunde vorwerfen. Leben Sie folglich Ihr Leben in vollen Zügen, und werden Sie glücklich. Zögern Sie nicht länger die Dinge zu tun, die Ihnen wichtig sind und die Ihr Leben erfolgreich machen.

Übung – Der Moment der Wahrheit: Auch wenn diese Übung makaber anmutet, Sie kann Ihnen helfen, Ihre wahren Lebensziele blitzartig zu erkennen. Stellen Sie sich vor, Sie haben Ihren dritten Herzinfarkt erlitten und liegen auf einer Intensivstation. Sie hören das monotone Geräusch piepsender EKG-Geräte und das leise Flüstern des Arztes. Sie wissen, dass Sie nur noch eine Stunde zu leben haben. Was geht Ihnen durch den Kopf? Was haben Sie in Ihrem Leben versäumt? Was hätten Sie gerne anders gemacht, wenn Sie noch einmal 20 Jahre alt wären und Ihr Leben von vorn beginnen könnten? Schreiben Sie es auf. Notieren Sie alles, was Ihnen spontan einfällt. Wo würden Sie leben wollen? Welchen Beruf hätten Sie gerne? Mit wem möchten Sie zusammenleben? Welche Menschen würden Sie gerne kennen lernen? Was möchten Sie tun? Und dann gibt es nur eines: Machen Sie es! Zögern Sie keinen Augenblick; denn Sie können im Leben alles zurückgewinnen – nur die Zeit nicht, die Sie verschwendet haben. Es ist Ihr Leben.

Das Networking im privaten Bereich ist von großer Bedeutung, denn es verleiht Ihnen Stabilität und Selbstvertrauen. Wenn einer Ihrer Lebensbereiche in die Schieflage gerät, dann können Sie diesen Verlust zumindest durch einen anderen Sektor ausgleichen oder gar kompensieren. Aus diesem Grund sollten Sie das private Networking niemals vernachlässigen. Es nützt Ihnen nichts, wenn Sie beruflich ein Ass sind und hervorragende Leistungen erzielen, aber im privaten Bereich nur Niederlagen hinnehmen müssen. Ohne stabile Beziehungen können Sie die Frustration nur schwer ertragen. Sie brauchen für Ihr Leben eine gute Grundlage. Work-Life-Balance bedeutet, dass Sie in allen Sektoren Wachstum und Fortschritt vorweisen können. Das betrifft eben nicht nur Ihren Beruf, Ihre Freizeit, sondern auch Ihre Gesundheit, Ihre Bildung, Ihr Vermögen, Ihre Sinnfindung im Leben und Ihre Partnerschaft.

Wenn Sie sich bedrückt fühlen und den Eindruck haben, dass Sie es nie schaffen, Ihr Networking-Projekt zum Erfolg zu führen, dann denken Sie daran: Das Wort „nie“ existiert nur für Menschen, die die Wirklichkeit nicht kennen. Der Mensch hat es geschafft, zum Mond zu fliegen, Rechner zu konstruieren, die Milliarden von Rechenoperationen in Bruchteilen einer Sekunde ausführen können, und das menschliche Erbgut vollständig zu entschlüsseln. Das Wort „nie“ sollten Sie aus Ihrem Vokabular streichen. Wenn Sie sich an einem Tag schlecht fühlen und das Gefühl haben, dass Ihnen etwas nicht gelingen wird, dann versuchen Sie mit folgenden Tricks, sich wieder in Stimmung zu bringen:

- Machen Sie einen kurzen Spaziergang und genießen Sie den frischen Wind, die Sonne oder den Regen. Schauen Sie auf die

Bäume und Blätter, und atmen Sie tief durch. Betrachten Sie Ihre Umgebung, als sähen Sie diese zum ersten Mal.

- Nehmen Sie ein Buch, möglichst einen fesselnden Roman, und lesen Sie. Je faszinierender das Buch ist, desto schneller werden Sie Ihre Sorgen vergessen.
- Machen Sie ein Computerspiel, auch wenn Sie glauben, dafür schon zu alt zu sein. Spielen Sie am PC Schach oder ein Kartenspiel.
- Gehen Sie ins Internet, und nehmen Sie an einem Chat teil. Plaudern Sie online über Alltägliches, und genießen Sie es, mit anderen in Verbindung zu treten.
- Hören Sie Ihre Lieblingsmusik an, und kuscheln Sie sich in Ihren Sessel. Streicheln Sie Ihre Katze oder gießen Sie Ihre Pflanzen.

Vernachlässigen Sie niemals einen Bereich zugunsten eines anderen. Ein unausgewogenes Leben macht sich früher oder später bemerkbar. Fangen Sie deshalb gleich heute an, Ihren Freundes- und Bekanntenkreis zu erweitern. Sie können Ihre Erfolgsaussichten verbessern, wenn Sie zuversichtlich in die Zukunft blicken.

Übung – Wünschen Sie sich ein Wunder: Sie sollten Ihren Tag schon morgens mit der Erwartung beginnen, dass dies der beste Tag in Ihrem Leben werden könnte. Sagen Sie sich: Heute soll ein Wunder geschehen. Erwarten Sie auch, dass dieses Wunder wirklich eintritt. Hegen Sie keinerlei Zweifel und freuen Sie sich schon darauf, was an diesem Tag geschehen wird. Wenn Sie dies eine Woche lang durchhalten, werden Sie staunen, wie schnell Ihre Zuversicht und Ihr Optimismus Ihre Erfolgschancen beflügeln. Schreiben Sie an jedem Tag in Ihrem Networking-Heft auf, was Ihnen Gutes und Wunderbares zuteil wurde. Dokumentieren Sie Ihr Glück; dadurch konzentrieren Sie sich auf das Gute und Einzigartige in Ihrem Leben. Das Wichtigste ist: Sie müssen fest glauben, dass dieses Wunder auch eintritt. Zweifeln Sie nicht eine Sekunde daran. Eine solche Übung hat nichts Magisches an sich. Der Erfolg beruht darauf, dass Ihre umwerfende optimistische Ausstrahlung Ihr Umfeld begeistert und Wunder auf diese Weise wahr werden lässt.

Das, worauf sich Ihre Wahrnehmung richtet, wird verstärkt in Ihr Leben treten. Wenn Sie beispielsweise beschlossen haben, sich sportlich zu betätigen, steigt die Wahrscheinlichkeit, dass Sie jemanden finden, der ebenfalls sportbegeistert ist. Rücken Sie das in den Mittelpunkt Ihres Lebens, was Ihnen wichtig ist. Bei Beziehungen macht es keinen Sinn, sich zu verstellen. Seien Sie der Mensch, der Sie immer sein wollten, und Sie finden die Menschen, die Sie sich wünschen. Wenn Sie schon immer eine große Weltreise machen wollten, aber trotzdem in Buxtehude Ihr Leben verbringen, werden Sie nie einem Globetrotter begegnen, der Ihr Traumpartner werden könnte. Wenn Sie Buchhalter sind, aber davon träumen, ein Starjournalist zu werden, dann werden Ihnen nie die Menschen begegnen, die zu Ihnen passen. Seien Sie also konsequent: Leben Sie ein Leben, das Ihren Vorstellungen entspricht; denn nur dann werden Sie an die Orte kommen, an denen Sie die für Sie richtigen Menschen treffen.

6.1 Partnerschaft und Ehe

Kaum ein anderer Bereich hat einen so großen Einfluss auf den Lebenserfolg wie Partnerschaft und Ehe. In den letzten Jahren ist die Zahl der Scheidungen deutlich gestiegen, wobei Deutschland noch im europäischen Mittelfeld liegt. Einer der Spitzenreiter ist Schweden mit einer Scheidungsquote von fast 70 Prozent. Aber auch in deutschen Großstädten geht inzwischen jede zweite Ehe in die Brüche.

Welche Bedeutung der Ehe in der Karriereplanung zukommt, kann man ermessen, wenn man bedenkt, dass noch in den achtziger Jahren Führungskräfte in manchen Unternehmen nicht mehr befördert wurden, wenn sie geschieden waren. Obwohl man nach außen hin den Stellenwert von Partnerschaft oder Ehe im höheren Management offiziell leugnet, ist dies nur eine Beschwichtigung, die der Realität widerspricht.

In der Praxis stoßen Führungskräfte, die keine Familie haben, auf Vorbehalte, die aber nie artikuliert werden. Auch für Frauen ist dies ein Problem: Das Thema Partnerschaft und Ehe wird für sie schnell zum Karrierehindernis. Trotz aller Beteuerungen und Verlautbarungen ist die Vereinbarkeit von Beruf und Familie noch lange nicht Realität. Frauen, die aufgrund ihres Kinderwunsches aus dem Unternehmen ausscheiden, haben beträchtliche Probleme wieder in die frühere Position einzusteigen. Frauen, die sich ihren Kinderwunsch versagen, haben ebenso Schwierigkeiten, wie Frauen, die nach der Elternzeit wieder ihre frühere Tätigkeit aufnehmen wollen.

Die Realität ist hier noch sehr weit vom Wunsch nach Gleichberechtigung und Anerkennung entfernt. Insbesondere im höheren Management klaffen hier Wirklichkeit und Anspruch weit auseinander. Wenn Sie eine glanzvolle Karriere bis an die Spitze machen wollen, sollten Sie nie auf die offiziellen Beteuerungen hereinfallen. Auch die Hochglanzbroschüren einiger Unternehmen, in denen vollmundig die Vereinbarkeit von Familie und Beruf propagiert wird, sind mehr Schönwetter-Veranstaltungen für die Medien. Hinter den Kulissen offenbart sich dann die graue und ernüchternde Wirklichkeit.

Es zeigt sich, dass es zwischen den Karrierestufen Unterschiede gibt. In den Toppositionen des Vorstands und in honorigen Unternehmerkreisen herrscht noch die klassische Rollenverteilung vor. In den gehobeneren Positionen des Managements indes ist die Vorstellung, dass beide Ehepartner eine gleichwertige Karriere machen sollten, schon relativ fest etabliert. Partnerschaft und Ehe sind Networking-Ziele, die nur nach sehr sorgfältiger Suche und Vorbereitung zu erreichen sind. Viele Menschen glauben irrtümlich, dass die Liebe wie ein Zufall vom Himmel fällt. Sie glauben an die große Liebe, die in einem einzigen Augenblick wie ein Wunder auf sie zukommt, sie wie der Blitz trifft und sie in ein unvergängliches Paradies entschweben lässt. Diese Illusion wird vor allem in vielen Filmen geweckt, in denen per Zufall das Glück seinen Lauf nimmt.

Die große, einmalige Liebe, von der viele Menschen träumen, ist eine bedenkliche Illusion, denn sie hindert Sie daran, die echten Chancen zu erkennen. Wenn Sie ständig nach der Traumprinzessin oder dem Märchenprinzen Ausschau halten, werden Sie all die Menschen übersehen, die Sie wirklich glücklich machen können. Es kommt zwar vielen Menschen merkwürdig vor, aber Sie sollten Ihre Partnerschaft wie ein anspruchsvolles Projekt betrachten. Einfach auf die große Romanze, den unvergesslichen Augenblick und die einzigartige Gelegenheit zu warten wäre töricht. Solche Wunder ereignen sich leider nur in Groschenromanen, in denen geistreiche und wohlhabende Männer in Schlössern auf die edle und liebenswürdige Frau warten.

Warten Sie also nicht ab. Sie könnten sonst die besten Chancen Ihres Lebens verpassen. Ihr Projekt Partnerschaft beginnt wie jedes Projekt damit, dass Sie zuerst die Ziele definieren.

Übung – Der ideale Partner: Beschreiben Sie, wie für Sie der ideale Partner aussieht. Auch wenn dies vermeintlich Ihre Chancen einschränkt, ist es doch wichtig zu wissen, wen Sie suchen und welche Eigenschaften Ihr Traumpartner haben soll. Machen Sie dabei keinerlei Abstriche; erst in einem zweiten Schritt können Sie herausfiltern, welche Merkmale für Sie nicht verhandelbar sind. Erstellen Sie nun ein detailliertes Profil Ihres Traumpartners. Notieren Sie schriftlich, welche physischen Merkmale Ihr Partner haben muss, um Ihnen zu gefallen. Scheuen Sie sich nicht, ehrlich zu sein. Wenn Sie sich nur für Frauen mit blondem Haar begeistern können, dann schreiben Sie es so auf. Wenn Sie einen Mann haben wollen, der mindestens 1,85 m groß ist, dann stehen Sie dazu. Im nächsten Schritt halten Sie die Charaktereigenschaften und Werte fest, die Ihr Partner haben sollte. Wenn für Sie Treue unabdingbar ist, dann schreiben Sie es auf. Listen Sie alle Werte auf, die Sie für unverzichtbar halten. Anschließend notieren Sie weitere Charakteristika: Welchen Beruf sollte Ihr Traumpartner haben? Welche Hobbys sollte er pflegen? Wie alt sollte er sein? Spielt die soziale oder geografische Herkunft für Sie eine Rolle?

Eine Topmanagerin aus Hamburg schreckt vielleicht vor einem schwäbelnden Immobilienmakler zurück. Auch wenn Sie sich scheuen, eine so genaue Beschreibung abzuliefern, kann es nützlich sein, denn Sie müssen erst Ihren Beziehungskompass justieren, um die richtige Richtung zu finden. Wenn Sie Ihr Traumpartnerprofil perfekt machen wollen, erstellen Sie zusätzlich eine Collage, d. h. schneiden Sie aus Illustrierten Fotos von Menschen aus, die dem Aussehen Ihrer Wunschperson entsprechen oder ziemlich nahe kommen.

Unterstreichen Sie jetzt in Ihrem Traumpartnerprofil jene Eigenschaften und Werte, die für Sie unerlässlich sind. Jetzt haben Sie eine konkrete Vorstellung, wen Sie suchen. Vielleicht werden Sie später, wenn Sie Ihren Traumpartner gefunden haben, feststellen, dass Sie einige Zugeständnisse gemacht haben, aber wichtig ist, dass Sie vorerst wissen, wen Sie suchen. Ihre nächste Projektphase besteht darin, potenzielle Partner zu lokalisieren. Wo könnte sich Ihr Traumpartner aufhalten? Wo haben Sie die größte Chance, ihm zu begegnen?

Übung – Fünf Orte für den Traumpartner: Machen Sie ein Brainstorming, und schreiben Sie spontan fünf Orte auf, an denen Sie Ihrem Traumpartner begegnen könnten. Wenn Sie eine sportliche Frau suchen, werden Sie vielleicht im Sportverein fündig. Wenn Sie einen Mann suchen, der sich für den Umweltschutz engagiert, dann besuchen Sie doch einmal die Veranstaltung einer Umweltschutzorganisation. Seien Sie fantasievoll und versuchen Sie, möglichst präzise und zielgenau zu bestimmen, wo sich Ihr Traumpartner aufhalten könnte. Dann entwerfen Sie einen Wochenplan und beschließen, mindestens dreimal in der Woche einen solchen Ort aufzusuchen.

Ihre Chancen steigen, wenn Sie einen spezifischen Ort oder eine konkrete Veranstaltung auswählen. Es ist weniger hilfreich, wenn Sie eine Bar oder ein Café in Ihre Liste aufnehmen. Denn solche allgemeinen Zusammenkünfte sind oft weniger geeignet, da Sie dort auf ein gemischtes Publikum stoßen. Sie müssen jemanden finden, der auch Ihren Interessen gerecht wird, zumal es dann wesentlich leichter ist, Kontakte zu knüpfen und auf gemeinsame Hobbys und Gesprächsthemen zurückzugreifen.

Dabei sollten Sie einige **Spielregeln** beachten:

- Zeigen Sie nie übergroßes Interesse. Wenn Sie geradezu ein brennendes Verlangen danach verspüren, den richtigen Traumpartner sofort zu finden, werden Sie unweigerlich scheitern. Auch wenn Sie sich sehr einsam und verlassen fühlen, ist dies der falsche Weg. Menschen spüren unbewusst, dass Sie dringend jemanden suchen und dass Sie bereit sind, jeden zu nehmen, der ein freundliches Wort an Sie richtet. Ein solcher „Ausverkauf" stößt bei fast allen auf Widerwillen. Niemand möchte der „Notnagel" oder das „Schnäppchen" sein, das man zufällig an der Bar getroffen hat. Einsamkeit hat die seltsame Eigenschaft, dass sie die Einsamkeit noch verstärkt. Wenn Sie sich sehr einsam und verlassen fühlen und sich sehnlichst eine feste Beziehung wünschen, dann sollten Sie zuvor einige andere Schritte machen. Fassen Sie zuerst den Vorsatz, viele Menschen kennen zu lernen – und zwar nur auf freundschaftlicher Basis.

Es ist für Sie wichtig, dass Sie ein umfassendes Netzwerk haben. Je mehr Freunde und Bekannte Sie vorweisen können, desto sicherer und vertrauensvoller werden Sie agieren. Ihr Netzwerk ist eine wichtige Stütze und macht Sie erfolgreich. Sie müssen die Partnersuche souverän und gelassen angehen. Auch wenn Sie bei der Veranstaltung niemanden gefunden haben, haben Sie noch Ihre Freunde. Sie müssen zuerst Freunde und Bekannte finden und dann können Sie die Partnersuche in Angriff nehmen.

Am leichtesten ist es natürlich, wenn Freunde und Bekannte dabei sind, wenn Sie sich auf die Partnersuche begeben. Denn je entspannter Sie sind, desto größer sind die Erfolgsaussichten. Allerdings zeigt die Praxis, dass Menschen, die in Begleitung sind, kaum angesprochen werden. Interessenten scheuen sich, das Gespräch mit einer Gruppe oder einem Paar zu beginnen. Eine große Gruppe von Freunden oder Bekannten führt meist dazu, dass man sich abschottet. Deshalb müssen Sie den Mut aufbringen, auch allein auszugehen. An bestimmten Orten wie der Volkshochschule, der Oper oder einer Ausstellung ist dies sicherlich unproblematisch. Bei Cafés, Bars, Diskotheken und Kneipen sollten Sie als Frau mit einer Freundin sicherheitshalber einen Termin ausmachen, an dem sie zu Ihnen stößt, damit Sie verzweifelte Verehrer, ohne sie zu kränken, wieder abschütteln können. Treffen Sie sich mit Unbekannten nur an öffentlichen Orten, die von vielen Menschen frequentiert werden.

Am Anfang sollten Sie, auch wenn Sie Ihren Traumpartner gefunden zu haben glauben, nicht voreilig sein. Klammern Sie auf keinen Fall, denn gerade in der Anfangsphase kann dies einen Menschen sehr erschrecken und einengen. Am schlimmsten ist es, wenn Sie Ihren neuen Kontakt mit Anrufen, E-Mails und SMS regelrecht überschütten. Es macht wenig Sinn, sich gleich zu Anfang jeden Tag zu treffen. Viele Beziehungen scheitern oft schon zu Beginn, da ein Partner voller Sehnsucht den anderen an sich zu binden versucht. Solche „Kletten“, die sich wie Ertrinkende an andere klammern, sind meist schnell wieder einsam. Anklammern ist kein Zeichen für eine große Liebe, sondern für die große Angst, verlassen zu werden. Die unbewusste Befürchtung entwickelt ein

Eigenleben und wird schnell zu einer sich selbst erfüllenden Prophezeiung. Wenn Sie zum Klammern neigen, sollten Sie zuerst Ihren Freundes- und Bekanntenkreis erweitern. Suchen Sie Menschen, denen Sie vertrauen, die aber für Sie nicht als Traumpartner in Frage kommen. Solch unverbindliche Freundschaften erzeugen in Ihnen keinen Erfolgsdruck, aber sind dennoch ein „Sicherheitsnetz". Denn auch wenn das Date mit dem Traumpartner scheitern sollte, haben Sie immer noch Ihre Freunde und Bekannten, mit denen Sie um die Häuser ziehen und Spaß haben können. Die gleiche Grundregel gilt übrigens auch für feste Beziehungen und Ehen: Wer sich in einer Ehe in vermeintlich trauter Zweisamkeit abschottet und zurückzieht, wird eine böse Überraschung erleben. Irgendwann ist die Ehe Alltag, und man fühlt sich wie in einem Beziehungskäfig. Die Frau sehnt sich insgeheim nach ihrer alten Freundin, mit der sie so herrlich durch die Boutiquen bummeln konnte, und der Mann wünscht sich seine Skatrunde zurück. Freunde und Bekannte stabilisieren eine Ehe oder feste Beziehung, denn sie sorgen für Ausgleich und Rückhalt.

In den Medien ist häufig von Singles die Rede, und es wird behauptet, in den Großstädten gebe es mehr Einpersonenhaushalte als Familien. Statistisch gesehen ist das richtig, aber die Lebensform „Single" ist letztlich keine Modeerscheinung oder kein vorherrschender Lebensstil. Denn Fakt ist: Die meisten Einpersonenhaushalte bestehen aus Rentnerinnen und spiegeln damit die demografische Entwicklung in Deutschland wider. Da Frauen eine höhere Lebenserwartung haben, bleiben sie meist als Witwen in größeren Wohnungen im Innenstadtbereich von Metropolen. Darüber hinaus hat sich in den letzten Jahren das *„living apart together"* zunehmend verbreitet. Viele Beziehungen werden erst einmal auf Probe geführt, so dass jeder seinen eigenen Haushalt beibehält. Eingefleischte und überzeugte Singles, die das Alleinleben bevorzugen, sind eine seltene Rarität.

Wer als Single lebt, tut dies meist unfreiwillig. Trotz der größeren Chancen, einen geeigneten Partner zu finden, sind viele Menschen verunsichert und haben enorme Schwierigkeiten, den passenden Bund fürs Leben zu schließen. Während in früheren Jahrhunderten Standesgrenzen, religiöse und andere Hürden die

Partnerwahl erheblich einschränkten, führt die heutige Freiheit in der Partnerwahl auch zu Problemen, wenn auch anderer Art. Die Idee der romantischen Liebe kam ohnehin erst im 18. Jahrhundert mit der Entstehung der bürgerlichen Gesellschaft auf. Im Mittelalter wurde man von den Eltern verheiratet.

Die heutige Vielfalt führt dazu, dass es schwerer fällt, sich zu entscheiden. Das Internet hat außerdem dazu beigetragen, dass der Kreis der potenziellen Kandidaten sich erheblich erweitert hat. Beschränkte sich früher die Suche auf einen begrenzten geografischen Raum, so steht Ihnen heute die ganze Welt zu Verfügung. Dennoch gelten einige Grundregeln der Partnerwahl noch immer, und wer sie beherzigt, hat größere Chancen, eine stabile und erfolgreiche Beziehung zu begründen:

- Unkonventionelle Beziehungen mögen das Salz in der (Alltags-) Suppe sein; aber die Erfahrung zeigt, dass sie langfristig meist scheitern. Eine Rocksängerin und ein Verwaltungsbeamter sind vielleicht ein unterhaltsames Team, aber früher oder später wird die Beziehung meist an der Realität zerbrechen. Große Gegensätze ziehen sich zwar an, aber sie stoßen sich auch schnell wieder ab. Der biedere Rat: Ein Partner fürs Leben ist jemand, der auch in schwierigen Situationen zu einem hält und der sich im Alltag bewährt hat.
- Beziehungen entstehen langfristig. Die Idee, es gebe eine Liebe auf den ersten Blick, ist eine romantische Illusion. Sie können niemals einen Menschen innerhalb von Sekunden sinnvoll beurteilen. Die meisten guten Partnerschaften haben eine Anfangsphase, die mehrere Wochen dauern kann. Die meisten hervorragenden Beziehungen entstehen unmerklich; sie ergeben sich gleichsam aus beständigen Alltagskontakten.
- Die meisten Menschen lernen sich im Freundes- und Bekanntenkreis kennen, denn dort fällt es wesentlich leichter, eine Beziehung in einem vertrauten Umfeld anzubahnen. Der zweite Ort, wo Partnerschaften fürs Leben geschlossen werden, ist der Arbeitsplatz. Hüten Sie sich aber davor, die Beziehung öffentlich zu zeigen. Sehr schnell entsteht der verhängnisvolle Eindruck, dass Protektion betrieben wird.

6.1.1 Exkurs: Beziehungen am Arbeitsplatz

Beziehungen am Arbeitsplatz sind ein heikles Thema, zumal sie sich unter Umständen als Karrierekiller erweisen können. Es gibt die unterschiedlichsten Konstellationen. Eine Vorstandssekretärin, die mit ihrem Chef eine Liaison eingeht, mag zwar, wenn sie den Traualtar erreicht, die Partie ihres Lebens gemacht haben; geht aber etwas schief, dürfte sie ihren Arbeitsplatz sehr schnell verlieren. Auch Beziehungen innerhalb einer Abteilung können sich sehr schnell als fragwürdige Angelegenheit erweisen; denn Klatsch und Tratsch nehmen zu und der „Flurfunk" versorgt oft die ganze Abteilung mit den neuesten Gerüchten. Meist wird dem Paar unterstellt, dass es nun besonders eng zusammenarbeitet und sich wechselseitig mit Informationen versorgt. Neid und Missgunst können aufkeimen, und nicht selten wird der Vorwurf der Patronage erhoben.

Auch Selbstständige sind immer gut beraten, keine Ehe- oder Lebenspartner, Verwandte, Bekannte oder Freunde in das Geschäft mit einzubeziehen. Die Abgrenzung zwischen privatem und beruflichem Sektor ist äußerst schwierig, gleicht einer gefährlichen und waghalsigen Gratwanderung und führt dazu, dass Konflikte schneller auf eine unangenehme Weise eskalieren können. Eine deutliche Entfremdung und ein erbittertes Zerwürfnis sind die unvermeidliche Folge. Obwohl der Arbeitsplatz einer der besten Heirats- und Partnermärkte ist, sollte man auf jeden Fall Vorsicht walten lassen.

Es gibt zahlreiche andere Orte, an denen Sie interessante Menschen oder Ihren Traumpartner kennen lernen können.

- **Partys von Freunden und Bekannten**: Dies ist eine ausgezeichnete Möglichkeit, viele Menschen kennen zu lernen, zumal Ihre Freunde und Bekannten vermutlich ähnliche Interessen haben und einen vergleichbaren Lebensstil pflegen. Die Wertvorstellungen, Ziele und Wünsche werden sich ähneln, so dass Ihre Aussichten, jemanden zu treffen, der Ihren Wunschvorstellungen entspricht, sehr groß sind.
- **Urlaub:** Urlaubsbekanntschaften sind mit Vorsicht zu genießen; denn der Urlaub ist immer eine spezielle Situation, in der man sich glücklich und entspannt und sich aller Sorgen enthoben

fühlt. Sobald man jedoch wieder zu Hause eintrifft, kehrt der beschwerliche Alltag zurück, und die Urlaubsbekanntschaft verblasst. Was auf Mallorca noch hip war, entpuppt sich in Kempten schnell als Mesalliance. Der Alltag wird zu einer Belastungsprobe – vor allem dann, wenn sich herausstellt, dass die Erwartungen doch zu gegensätzlich sind.

- **Vereine:** Vereine sind ideale Orte für das Kontakte knüpfen, denn ähnliche Interessen und Hobbys bilden einen geeigneten Ausgangspunkt für das Networking, zumal man sich nun regelmäßig trifft und so Gelegenheit hat, sich allmählich und ohne Druck besser kennen zu lernen.
- **Die Volkshochschule:** Entgegen allen Klischees ist die Volkshochschule ein sehr guter Ort, an dem sich vor allem schüchterne und zurückhaltende Zeitgenossen kennen lernen können. Ähnliche Interessen verbinden und bilden die Grundlage für intensivere Gespräche. Warum nicht die Chance nutzen, und das Gespräch in einem Café fortsetzen?
- **Kneipen, Bars und Cafés**: Obwohl viele Menschen solche Treffpunkte für ideale Orte des Networking halten, ist in den meisten Fällen genau das Gegenteil der Fall. In Kneipen und Bars treffen sich Menschen mit sehr unterschiedlichen Einstellungen, Werten und Lebensgewohnheiten. Die Chance, dass zwei Menschen per Zufall zusammenpassen, ist gering. Meist ist die Schnittmenge der Gemeinsamkeiten zu klein, als dass sich daraus eine langfristige Perspektive für eine Beziehung ergeben könnte.

Wie im Marketing sollten Sie beim Kontakteknüpfen auf die Zielgruppe achten. Es ist wenig empfehlenswert, im Nebel zu stochern und auf Zufallsbekanntschaften zu hoffen. Wenn Sie Glück haben, ziehen Sie das große Los, aber die Wahrscheinlichkeit ist relativ gering.

6.2 Der Bund fürs Leben – die Ehe

Auch wenn die Bedeutung der Ehe deutlich abgenommen hat, ist sie für viele Menschen eine zentrale Institution, die sich in letzter Zeit wieder größerer Beliebtheit erfreut. Einen guten Ehepartner zu finden ist ein noch weit schwierigeres Unterfangen, als eine

Partnerschaft einzugehen oder einen One-Night-Stand zu finden. Wie mühevoll es ist, zeigt die Statistik: In Großstädten endet jede zweite Ehe vor dem Scheidungsrichter, und die Zahl allein erziehender Mütter und Väter nimmt deutlich zu.

Übung – Ihre Traumbeziehung: Mit wem möchten Sie gerne den Rest Ihres Lebens verbringen? Mit wem könnten Sie sich vorstellen, alt zu werden? Versuchen Sie genau zu beschreiben, wie die Person aussehen sollte, die Sie heiraten möchten, welche Eigenschaften und welchen beruflichen und sozialen Hintergrund sie haben sollte.

Eine gute und stabile Ehe bildet oft die wichtigste Basis für ein erfolgreiches und glückliches Leben. Im Beruf sorgt eine harmonische Ehe für Rückhalt und Ausgleich. Wer verheiratet ist, hat in der Regel eine höhere Lebenserwartung, erfreut sich eines höheren Einkommens und eines größeren Vermögens. Als Ehepartner tendiert man dazu, sorgfältiger und gewissenhafter zu wirtschaften; man ist sparsamer und verantwortungsvoller. In den obersten Führungsebenen der Unternehmen gilt die ungeschriebene Regel, dass nur Kandidaten, die in geordneten Verhältnissen leben, mit Führungsaufgaben betraut werden.

Andererseits sollte man die Negativseiten mancher Ehen nicht verkennen. Aufgrund der hohen Anforderungen an die Mobilität wird heute von Führungs- und Fachkräften wie selbstverständlich erwartet, dass sie überall einsatzbereit sind. Häufig gibt es Auslandseinsätze, und auch Wochenenden müssen für neue Projekte geopfert werden. Viele Ehen halten solchen Belastungsproben nicht stand. Wer am Montag in München, am Mittwoch in Frankfurt und am Freitag in Düsseldorf ist, hat große Probleme, ein geregeltes Eheleben zu führen. Ebenso problematisch wird es, wenn Versetzungen an andere Orte anstehen. Was macht man dann mit dem eigenen Haus? Kann man es den Kindern zumuten, sich wieder neue Spielkameraden zu suchen und eine neue Schule zu besuchen? Ist der Ehepartner bereit, seinen eigenen Arbeitsplatz aufzugeben? Nur mit der nötigen Sensibilität lassen sich solche Probleme lösen. Erst wenn alle Beteiligten dem Umzug zustimmen und ein Konsens erreicht wird, ist mit einer harmonischen Lösung zu rechnen. Doch die Praxis lehrt, dass viele Ehen an diesen Umständen zerbrechen.

Beachten Sie daher folgende **Regeln**:

- Entscheiden Sie immer einvernehmlich. Verlangen Sie Ihrem Partner keine Kompromisse ab, die Sie selbst nicht eingehen würden. Respektieren Sie die Lebensziele und -erwartungen des Partners, und versuchen Sie eine Lösung zu finden, die Sie beide zufrieden stellt.
- Versuchen Sie, Ihre beruflichen Perspektiven schon im Vorfeld zu klären und aufeinander abzustimmen.
- Denken Sie daran, dass eine Ehe in die Brüche gehen kann. Dies ist um so wahrscheinlicher, je höher Ihre Qualifikation ist und wenn Sie in einem Ballungszentrum leben. Auch wenn es herzlos und unromantisch erscheinen mag, denken Sie beizeiten – möglichst noch vor der Eheschließung – über einen Ehevertrag nach. Etliche Insolvenzen von Selbstständigen sind auf eine Scheidung zurückzuführen; und viele Obdachlose verloren ihre Wohnung aufgrund einer Scheidung. Kaum ein anderes Ereignis kann so schnell zur Verarmung und zur Pleite führen wie eine Scheidung.

6.3 Kontaktsuche im Internet

Immer mehr Menschen finden durch das Internet zueinander. Das weltweite Netz hat nämlich gegenüber der konventionellen Partnersuche einige Vorteile:

- Sie können aus Millionen Menschen denjenigen heraussuchen, der optimal zu Ihnen passt und Ihre Werte, Normen, Lebensvorstellungen und Ziele teilt. Dank der großen Reichweite können Sie Ihren Traumpartner in der nächsten Ortschaft, aber auch in Alaska finden.
- Das Internet ermöglicht es Ihnen, Menschen zu finden, die genau Ihren Erwartungen entsprechen. Wenn Sie jemanden suchen, der sich für sumerische Vasenmalerei begeistert, so werden Sie im weltweiten Netz leichter fündig. Wollten Sie in der realen Welt die Suche beginnen, so wäre es bereits in einer Großstadt wie Berlin äußerst zeitaufwändig, eine Person mit einem solchen Hobby zu finden.

- Das Internet ist unverbindlicher und anonymer. Sie müssen sich nicht unbedingt sofort persönlich vorstellen oder ein Date verabreden. Vielmehr können Sie über einen längeren Zeitraum sondieren und klären, ob Sie zueinander passen. Auch schüchterne Menschen haben eine Chance, sich im Chat oder in einem Forum selbstsicher zu präsentieren.

Manche Menschen haben deutliche Vorbehalte, was das Networking oder die Partnersuche im Internet anbelangt. Doch das Internet hat zweifellos einige wichtige Vorteile, die Sie würdigen sollten. Sie können beispielsweise anonym bleiben und erst einmal abwarten, wie sich Ihr Online-Flirt entwickelt. Im wirklichen Leben ist es selbst auf einer Party schwierig, sich aus einer beginnenden Beziehung zu lösen, ohne dass es Bekannte und Freunde erfahren.

Wenn Sie viel arbeiten und Überstunden machen oder gar am Wochenende auf Geschäftsreise sind, werden Sie enorme Probleme haben, eine feste Beziehung zu finden. In der Regel fehlt Ihnen die Zeit und die Kraft, um spät abends noch intensives Networking zu betreiben. Städte wie Berlin haben zwar den Ruf, dass Außendienstmitarbeiter aus der Provinz dort schnell fündig werden, aber solche Beziehungen halten meist nicht lange. Auch wenn Sie ein eingefleischter Workaholic sind, der ganze Aktenberge zu Hause bearbeitet, werden Sie sich spätestens am Samstag nach ein bisschen Nähe und Geborgenheit sehnen. Das Internet bieten Ihnen zumindest eine effiziente und chancenreiche Möglichkeit, zielgenau den Partner fürs Leben kennen zu lernen. Die Erfolgsquote ist relativ hoch, denn es ist viel schwieriger und aufwändiger, im realen Leben Networking zu betreiben. Denken Sie allein an die vielen Stunden, die Sie an verschiedenen Orten verbringen müssen und wie viele Veranstaltungen und Partys Sie besuchen müssen, um zum Zuge zu kommen. Da ist es wesentlich einfacher, sich ins Internet einzuloggen und ein Suchprofil zu erstellen.

Immer mehr Menschen haben das große Glück im Internet gefunden, da die Partnersuche sich wesentlich einfacher und zielgerichteter gestaltet. Sie können genau den Partner finden, den Sie suchen, wenn Sie etwas Ausdauer beweisen. Dennoch sollte man nie die Gefahren außer Acht lassen. Es ist zwar nur ein Klischee, dass sich in Internet-Kontaktbörsen nur Menschen tummeln, die niemanden abbekommen haben, weil sie so schwierig oder exzentrisch sind. Keineswegs trifft man dort nur Hagestolze und Mauerblümchen, die verzweifelt ein Stelldichein suchen. Aber die Anonymität und Unpersönlichkeit des Internets verleiten dazu, dass auch andere Glücksritter unterwegs sind, die es mehr auf flüchtige Beziehungen, Seitensprünge und One-Night-Stands abgesehen haben.

Darüber hinaus sind manche Profile geschönt, und aus einem arbeitslosen Fünfziger mit Glatze wird ein sportlich dynamischer Dreißiger mit einem erfolgreichen Unternehmen. Frauen, die seit Jahren allein leben, überschwemmen potenzielle Kandidaten mit ganzen SMS-Fluten, und Möchtegern-Casanovas lügen, dass sich die virtuellen Balken biegen. Einige Neulinge sind dadurch so frustriert, dass sie bald die Partnersuche im Internet aufgeben. Trotzdem kann es sich lohnen, denn Sie werden an keinem anderen Ort einen passenderen Partner finden.

Bei der Internetkontaktsuche haben Sie wiederum eine Fülle von Möglichkeiten. Beispielsweise können Sie eine Singlebörse beauftragen, die anhand von Persönlichkeitstests genau passende Partner zu finden sucht. Dieser Abgleich von Profilen, das Matching, kann erfolgreich sein oder auch nicht. Es hängt letztlich davon ab, wie redlich Sie bei der Erstellung Ihres Profils und bei der Beantwortung der Fragen waren und wie exakt der Anbieter die Angaben mit anderen Profilen abgeglichen hat. Die zweite Möglichkeit, einen Partner zu finden, besteht darin, sich einer Community anzuschließen. Dies ist auch beim allgemeinen Networking möglich, und bekannte Communities sind StudiVZ, Facebook, MySpace und andere. Web Communities setzen voraus, dass Sie sich aktiv beteiligen und engagieren und zugleich vieles von sich preisgeben. Denken Sie daran, was Ihr Arbeitgeber von Ihnen halten könnte, nachdem er Ihr Profil bei StudiVZ oder Xing gefunden hat. Zum Vergleich:

Singlebörse	Web Community
Genaue Profile und die Möglichkeit mit Hilfe eines Persönlichkeitstests genau den richtigen Traumpartner zu finden.	Unspezifische Kontaktsuche, mehr allgemeines Networking über Blogs, Chats, Videoclips u.a.
Anonymität gesichert, da nur der Nickname weitergeleitet wird. Außenstehende können das Profil in den meisten Fällen nicht abrufen.	Profile und persönliche Daten sind in der Regel frei zugänglich, wenn sie für die Öffentlichkeit freigegeben wurden. Sie erscheinen damit in *Google* und anderen Suchmaschinen.
Fast immer kostenpflichtig (50 bis 180 Euro für drei Monate); kostenlose Angebote ermöglichen es meist nur, ein Profil zu erstellen und Vorschläge zu erhalten, ohne Kontakt aufnehmen zu können.	In der Regel kostenlos; einige Communities sind kostenpflichtig, aber im Vergleich zu Singlebörsen billiger.
In Singlebörsen ist die Chance, einen Partner zu finden, größer, da sich alle auf der Suche befinden. Dieser Druck kann jedoch den Erfolg beeinträchtigen.	Wer gerne seine Zeit in Web Communities verbringt, wird es dort leichter haben, Kontakte zu knüpfen. Aber nur ein geringer Teil der Mitglieder ist auf aktiver Partnersuche.

Abb. 4: Singlebörse und Web Community im Vergleich

Was es zu beachten gilt:

- Klären Sie vorher ab, welche Person Sie suchen. Erstellen Sie ein klares Profil mit allen Eigenschaften (Aussehen, Persönlichkeit, Werte, Beruf, sozialer Status, Ansichten). Sie werden nur dann glücklich werden, wenn Sie wissen, wen Sie suchen.
- Beachten Sie die Allgemeinen Geschäftsbedingungen des Anbieters, und legen Sie großen Wert auf Datenschutz. Anbieter, die Ihre Daten an Dritte weitergeben oder sogar verkaufen, sollten Sie vermeiden.
- Seien Sie vorsichtig; geben Sie anfangs keine persönlichen Daten heraus – weder Ihre Adresse noch Ihre Telefonnummer (über Ihre Nummer kann man sehr schnell Ihre Wohnadresse ermitteln); unterdrücken Sie in Ihrem Handy oder ISDN-Telefon die Rufnummernweiterleitung. Verwenden Sie eine neue

E-Mail-Adresse bei einem kostenlosen Anbieter, die Sie im Zweifelsfall „wegwerfen“ können. Setzen Sie für die Partnersuche niemals den PC an Ihrem Arbeitsplatz ein, denn dies kann der Grund für eine Abmahnung oder eine fristlose Kündigung sein.

- Verwenden Sie niemals E-Mail-Adressen mit Ihrem Vor- und Nachnamen oder mit einem Bezug zu Ihrem Geburtsdatum oder Wohnort. Ebenso sollten Sie bei der Freigabe von Fotos Vorsicht walten lassen: Denn was würde wohl Ihr Arbeitgeber oder Ihre Nachbarin denken, wenn diese entdeckt werden. Auch Nicknames (Spitznamen), die Sie im internen System des Anbieters einsetzen, sollten keinen Bezug zu Ihrer Identität zulassen. Wenn Sie sich bei mehreren Anbieter anmelden, ist es sinnvoll, stets einen anderen Nickname zu wählen, da man sonst Zusammenhänge ableiten kann oder von den anderen Teilnehmern als „Ladenhüter“ abgestempelt wird, der sich deshalb in vielen Singlebörsen anmeldet.
- Vergewissern Sie sich, dass der andere zuverlässig und ehrlich ist. Lassen Sie sich mehrere Fotos zusenden, die die Person in unterschiedlichen Lebenssituationen zeigen. Teilnehmer, die ein falsches Foto präsentieren, haben meist nur dieses eine.
- Wenn Sie Ihr eigenes Profil erstellen, achten Sie auf Originalität. Heben Sie sich positiv von Floskeln und Phrasen ab. Machen Sie auf sich aufmerksam, indem Sie sich unverwechselbar präsentieren. Aber bleiben Sie bei der Wahrheit.
- Wenn Sie das Gefühl haben, dass der Kontakt für Sie interessant sein könnte, dann telefonieren Sie zuerst – beispielsweise über Ihr Handy. Wenn Sie weiterhin den Eindruck haben, dass Sie diese Person gerne kennen lernen möchten, dann vereinbaren Sie einen Termin.
- Ihr erstes Treffen sollte an einem belebten Ort stattfinden, an dem sich viele Menschen aufhalten. Das kann ein beliebtes Café, ein Restaurant, ein Museum oder stark frequentierter Platz in einer Stadt sein. Denken Sie bitte an Ihre Sicherheit. Vereinbaren Sie mit einer Person Ihres Vertrauens (einem engen Freund oder einer Freundin), dass sie Sie nach einer gewissen Zeit über das Handy anruft oder im Café erscheint. Sie können ein vorher verabredetes Geheimsignal vereinbaren („Morgen

sollten wir schwimmen gehen“), um Ihrer Freundin anzudeuten, dass etwas nicht in Ordnung ist und sie sofort vorbeikommen soll. Bisweilen können Verehrer, die sich am Ziel sehen, so hartnäckig sein, dass es schwierig wird, ihnen eine Absage zu erteilen. Der Vorwand, dass man noch eine Verabredung mit der engsten Freundin hat, hilft hierbei deutlich, das Rendezvous zu beenden.

- Wenn Sie beim ersten Treffen ein mulmiges Gefühl verspüren, so ist das ganz normal. Denken Sie daran, dass es Ihrem Gegenüber genauso ergeht. Sie können bei jedem Kontakt mehr gewinnen als verlieren. Selbst wenn die Person nicht Ihr Traumpartner ist, haben Sie zumindest hoffentlich einen schönen Abend erlebt oder sind um eine Erfahrung reicher geworden.
- Seien Sie bei einer Absage diplomatisch und behutsam. Sagen Sie dem anderen nicht, dass Sie bestimmte Wesenszüge oder gar das Aussehen nicht mögen. Stellen Sie es vielmehr so dar, dass das Problem bei Ihnen liegt und nicht bei dem anderen. Vermeiden Sie es, Ihren Gesprächspartner hinzuhalten; vereinbaren Sie kein weiteres Treffen, wenn Sie genau wissen, dass der Betreffende für Sie nicht in Frage kommt. Eine solche Beziehung in „Schwebe“ ist für beide Seiten unerquicklich. Wünschen Sie dem anderen aufrichtig viel Glück und Erfolg bei der weiteren Partnersuche.

Bei der Partnersuche im Internet haben Sie inzwischen viele Möglichkeiten. Es gibt verschiedene Singlebörsen, aber auch Blind-Date-Agenturen und Kontaktanzeigen-Portale.

6.3.1 Partnervermittlungen im Internet

Man schätzt, dass im Jahr 2008 über acht Millionen Menschen in Deutschland sich einer Partnervermittlung im Internet anvertraut haben. Die Gründe für diesen Boom sind einleuchtend: Internet-Partnervermittlungen verfügen über sehr viele Interessenten; allein der bekannte Dienst *„Parship“* zählt mehr als fünf Millionen Nutzer. Die Preise für Partnervermittlungen fallen zunehmend, da der Wettbewerb größer geworden ist. Die Anonymität des Internets macht es leichter, sich einer Partnervermittlung zu bedienen.

Viele Partnervermittlungen setzen einen wissenschaftlichen Persönlichkeitstest ein, um passende Profile zu finden. Einige richten sich auf bestimmte Zielgruppen wie Akademiker aus und bieten internationale Kontakte an. Einige offerieren sogar ein Single-Coaching für Menschen, die sich schwer tun, Kontakte zu knüpfen. Die Preise für eine Mitgliedschaft in einer Internet-Partnervermittlung liegen für drei Monate zwischen 50 und 180 Euro.

Beispiele für Partnervermittlungen:

Parship	www.parship.de
Elite Partner	www.elitepartner.de
be2	www.be2.de
Partner	www.partner.de

Abb. 5: Beispiele für Internet-Partnervermittlungen

6.3.2 Blind-Date-Agenturen

Auch Blind-Date-Agenturen sind eine interessante Möglichkeit, die Partnersuche zu vereinfachen. Obwohl die Dates im realen Leben stattfinden, werden sie im Internet angebahnt. Die Funktionsweise ist Folgende: Nach der Anmeldung organisieren die Agenturen bestimmte Events, bei denen sich ausgewählte Kandidaten treffen. Als Rahmenprogramm werden beispielsweise Kneipentouren oder Cocktailpartys, aber auch Golf- und Kochkurse angeboten. Neuester Trend ist übrigens das Speed Dating, bei dem jeder die Gelegenheit hat, sich in wenigen Minuten zu präsentieren. Dann werden die Sitzplätze getauscht, und wieder gilt es, sich einem neuen Kandidaten vorzustellen.

Die meisten Blind-Date-Anbieter sind schwer zu finden, da sie regional ausgerichtet sind; denn es macht wenig Sinn, Blind Dates zwischen Personen zu arrangieren, die in Nord- und Süddeutschland wohnen. Dennoch haben sich einige wenige Anbieter etabliert, die überregional vertreten sind und lokal Events organisieren. Blind-Date-Anbieter finden sich vor allem in Großstädten; bisweilen mussten aber schon angekündigte Veranstaltungen abgesagt werden, da zu wenige Teilnehmer sich anmeldeten.

6.3.3 Kontaktanzeigen-Portale

Kontaktanzeigen sind relativ beliebt, bergen aber auch Risiken. Anders als bei Internet-Partnervermittlungen, wo Sie durch Ihre Anonymität relativ gut geschützt sind, müssen Sie bei Kontaktanzeigen ein Mindestmaß an Informationen preisgeben. Ihren Namen und persönliche Daten müssen Sie zwar nicht veröffentlichen, aber die meisten Kontaktanzeigen stoßen nur dann auf eine größere Resonanz, wenn Sie ein Foto beifügen. Dies kann bisweilen heikel sein, wenn Freunde, Nachbarn oder Verwandte die Kontaktanzeige entdecken. Singlebörsen haben zudem den Vorteil, dass sie mit Hilfe von Persönlichkeitstests eine genaue Abstimmung der Profile vornehmen, so dass Sie nur Offerten von passenden Partnern erhalten. Bei Kontaktanzeigen hingegen werden sich zahlreiche Personen melden, die Ihren Erwartungen überhaupt nicht entsprechen. Dennoch sind Kontaktanzeigen im Internet als Mittel der Partnersuche durchaus beliebt. Die meisten Kontaktanzeigen-Portale bieten weitere Funktionen wie Chats und interne E-Mails. Andere organisieren spezielle Events und Singlereisen. Einige Portale wie FriendScout24 haben über zehn Millionen Nutzer. Eine der bekanntesten Singlebörsen – *neu.de* – wirbt sogar mit dem Versprechen, dass man nach einem Jahr das Geld zurückerhält, wenn man bis dahin keinen Partner oder zumindest eine Affäre gefunden hat.

FriendScout24	www.friendscout24.de
Dating Café	www.datingcafe.de
neu.de	www.neu.de
ilove	www.ilove.de
Freenet Singles	www.singles.freenet.de
Match.com	www.match.com

Abb. 6: Beispiele für Kontaktanzeigen-Portale

Wenn Sie bei Ihrer Partnersuche im Internet einen Volltreffer gelandet und den Traumpartner fürs Leben gefunden zu haben glauben, dann lassen Sie es langsam angehen. Überstürzen Sie nichts, denn jede feste Beziehung muss erst über Wochen reifen. Es wäre völlig verfehlt, schon beim ersten Date intim zu werden. Ein One-Night-Stand in der ersten Woche besiegelt oft das Ende einer vermeintlichen Traumbeziehung. Es ist weder sinnvoll, sich rar zu machen, noch sich jeden Tag zu treffen. Finden Sie ein ausgewogenes Maß an Gemeinsamkeit, und lassen Sie die Beziehung sich entwickeln. Wenn Sie längere Zeit allein waren, wird die Sehnsucht und das Verlangen nach einer engen Beziehung übermächtig sein. Aber in solch einem Fall ist es sinnvoll, dass Sie zusätzliche Aktivitäten in Ihrem Terminkalender einplanen; gehen Sie in einen Sportverein, nehmen Sie an kulturellen Veranstaltungen teil, und treffen Sie sich mit alten Freunden und Bekannten. Sie dürfen sich nicht zu sehr auf diesen Traumpartner fixieren, denn zu viel Enge kann am Anfang erdrückend wirken. Auf diese Weise verhindern Sie auch, dass Sie in ein tiefes Loch fallen, wenn die Beziehung wider Erwarten nicht zustande kommt oder frühzeitig scheitert. Leben Sie Ihr Leben routinemäßig weiter, und sorgen Sie für viele andere Kontakte, die Sie aufbauen und stützen. Ihr neuer Partner wird die Ausgeglichenheit unbewusst bemerken und Sie um so attraktiver finden.

Erhoffen Sie sich von Ihrem Partner keine Wunder. Unzählige Menschen, bei denen viele Dinge im Leben falsch gelaufen sind, erwarten, dass sich mit einer Beziehung alles ändern wird, dass gleichsam alle Probleme über Nacht verschwinden. Eine Partnerschaft dient nicht dazu, Ihre Schwierigkeiten zu lösen. Sie überfordern den anderen und bleiben so einsam. Wenn Sie sich nach einer festen Beziehung sehnen, sollten Sie daher zuerst Ihr Leben in Ordnung bringen. Packen Sie Ihre Probleme aktiv an; als Geheimtipp empfehlen manche Experten, Ihr Leben erst einmal zu entrümpeln.

Übung – Entrümpeln Sie Ihr Leben: Schaffen Sie wortwörtlich Platz in Ihrem Leben für Neues, indem Sie zu Hause aufräumen und alte Dinge wegwerfen. Schauen Sie in Ihren Kleiderschrank und Ihre Zimmer, und überlegen Sie, was Sie nicht mehr benötigen. Durchforsten Sie den Dachboden und den Keller. Entledigen Sie sich Ihres Krempels und der Dinge, die Sie aus der Vergangenheit belasten. Indem Sie symbolisch Raum schaffen, haben Sie die Chance, einen neuen Menschen in Ihr Leben zu lassen.

Eigentlich müssen Sie für eine befriedigende und glückliche Beziehung erst der Mensch werden, der Sie gern sein wollen, um den Menschen zu finden, den Sie suchen. Erwarten Sie nicht von dem anderen, dass er Ihre Träume erfüllt oder Sie zu dem macht, was Sie gerne sein möchten. Das müssen Sie schon selbst tun.

7. Networking in der Öffentlichkeit

Häufig wird der Begriff Networking nur im Zusammenhang mit privaten und beruflichen Netzwerken verwendet. Dennoch verweist das Networking auf ein größeres Einsatzspektrum und deckt sich teilweise mit dem Aufgabenfeld, das mit der Bezeichnung „Öffentlichkeitsarbeit“ nur unzulänglich umrissen wird. Jedes Unternehmen, das eine sinnvolle und effiziente Marketingstrategie verfolgt, wird als Teilaspekt die Unternehmenskommunikation berücksichtigen.

Die Unternehmenskommunikation oder Corporate Communications umfasst folgende Teilbereiche:

- Public Relations (Öffentlichkeitsarbeit im klassischen Sinne über die Medien)
- Investor Relations (Betreuung der Anteilseigner und Investoren)
- Employee Relations (Betreuung der Mitarbeiterinnen und Mitarbeiter)
- Customer Relations (Kundenbetreuung)
- Lobbying oder Government Relations (politische Interessenvertretung)

In allen Bereichen kommt das Networking als wichtige Methode zum Tragen. In vielen Unternehmen wird dieser Gesichtspunkt vernachlässigt, was eine negative Auswirkung auf den Unternehmenserfolg und das Marketing hat.

7.1 Networking und Public Relations

Eine hervorragende Öffentlichkeitsarbeit erkennt man an den ausgezeichneten Beziehungen zur Presse und zu anderen Medien. Nur wer kontinuierlich und zielgerichtet Kontakte aufbaut, wird in der Öffentlichkeit mit dem richtigen Image präsent sein. Dies gilt auch für Krisen-PR im Fall eines Zwischenfalls. Die Kontakte zur Presse und zu den Medien müssen ausgebaut sein und auf Vertrauen beruhen. Wer PR erst dann entdeckt, wenn es schon zu spät ist, wird deutliche Imageeinbußen erleiden.

Zehn Schritte für eine erfolgreiche Öffentlichkeitsarbeit:

- Betrachten Sie die Öffentlichkeitsarbeit als einen wichtigen Bestandteil Ihrer Marketingstrategie, und definieren Sie Ihre kurz-, mittel- und langfristigen Ziele. Die Öffentlichkeitsarbeit ist stets eingebettet in ein umfassendes Konzept der Unternehmenskommunikation (Corporate Communications).
- Ermitteln Sie Ihre Zielmedien. Denken Sie daran, dass es für einen Handwerksbetrieb in Oberbayern keinen Sinn macht, Pressemitteilungen an überregionale Zeitungen wie die „Süddeutsche Zeitung" oder die „Frankfurter Allgemeine Zeitung" zu senden. Sie müssen Ihren Kundenkreis und Ihre Zielgruppe genau kennen und darauf die Wahl der Medien ausrichten.
- Nehmen Sie in Ihren Presseverteiler nur Medien auf, die für Sie wirklich relevant sind. Senden Sie keine Rundbriefe nach dem Gießkannenprinzip aus. Vielmehr müssen Sie in jedem Schreiben den genauen Adressaten kennen. Die Anrede „Sehr geehrte Damen und Herren" disqualifiziert Sie; denn die Redaktion erwartet natürlich, dass Sie den aktuellen Ansprechpartner kennen und bereits mit ihm persönlich Kontakt aufgenommen haben. Auch PR funktioniert nicht ohne erfolgreiches Networking.
- Beschränken Sie sich lieber auf einige ausgewählte Zeitungen, Zeitschriften und Medien, und halten Sie intensiven und sehr guten Kontakt.

Professionelle PR erfordert, dass Sie mit den Abläufen und Eigenheiten des Medienbetriebs vertraut sind und Ihr Networking darauf abstimmen. Beispielsweise sollten Sie Pressemitteilungen oder Anrufe nur zu bestimmten Uhrzeiten tätigen, da viele Redakteure ungehalten reagieren, wenn Telefonate unmittelbar vor einer Redaktionskonferenz eingehen. Wie im Marketing sollten Sie beachten, dass Anrufe am Montag oder Freitag meist ungünstig sind. Versuchen Sie einen persönlichen Kontakt zu Ihrem zuständigen Redakteur herzustellen, indem Sie ihn persönlich nach vorheriger Vereinbarung in den Redaktionsräumen aufsuchen und mit ihm ein kurzes Informationsgespräch führen. Eventuell können Sie ihn zu einem Mittagessen einladen. Beachten Sie aber, dass viele Journalisten ungehalten und verärgert reagieren, wenn man ihnen ihre redaktionelle Freiheit streitig macht. Anders als in der Werbung, wo Anzeigen kostenpflichtig abgedruckt werden, steht es im Ermessen des Redakteurs, ob er Ihre Pressemitteilung aufnimmt oder nicht.

Manche Unternehmen sind relativ unerfahren und kündigen bei einer Weigerung an, sich beim Chefredakteur oder gar beim Verlag zu beschweren. Mit einem solchen Verhalten werden Sie eher Ressentiments schüren oder gar eine Feindseligkeit heraufbeschwören. Denken Sie daran, dass Ihnen an einer guten Kooperation gelegen sein sollte. Deshalb sind alle Hinweise an die Anzeigenabteilung des Blattes, man könne ja in Zukunft beim Wettbewerb Aufträge platzieren, absolut tabu. Journalisten können sehr empfindlich auf solche Versuche reagieren, die redaktionelle Freiheit zu unterlaufen.

Je besser Ihr Networking ist, desto leichter wird es auch sein, dass Sie angemessen in den Medien repräsentiert sind. Sie erleichtern den Redakteuren die Aufgabe, wenn Sie sich an die Vorgaben halten und keine zu langen Pressemitteilungen versenden. Bringen Sie Ihre Aussagen knapp und präzise auf den Punkt, und seien Sie stets für Rückfragen erreichbar. Auch bei anderen Formen der Medienarbeit wie der Pressekonferenz oder dem Presseseminar sollten Sie geschickt auf Ihre journalistische Zielgruppe eingehen und entsprechendes Material bereithalten. Für ein Branchenmagazin sind andere Inhalte erforderlich als für ein örtliches Anzeigenblatt oder die Regionalzeitung. Es zeugt von wenig Ideenreichtum, wenn Sie Ihrer Pressemappe den obligatorischen Firmenkugelschreiber und einen Schreibblock oder einen Kalender beifügen. Lassen Sie sich etwas Originelleres einfallen.

Journalisten erkennen in der Regel sofort, ob jemand professionell und sachkundig Public Relations betreibt. Die Abteilung sollte daher umfassend mit der Unternehmenskommunikation verwoben sein. Das bedeutet, dass sich in allen Sektoren der Corporate Communications der Stil des Hauses und die Unternehmensphilosophie widerspiegeln. Einige Unternehmen verwenden sogar eigene geschützte Schriftarten und Farben. Die Corporate Identity fließt auch in den Sprachstil, das Layout und die gesamte Aufmachung mit ein. Der Abdruck von Pressemitteilungen ist kostenlos, da er im redaktionellen Teil stattfindet; die Pressarbeit ist aber nicht umsonst – weder was die Mühe noch die Wirkung anbelangt.

7.2 Networking und Investor Relations

In vielen Unternehmen wurden die Investor Relations, die Betreuung der Anteilseigner und Investoren, lange Zeit sträflich vernachlässigt. Viele hielten gar eine eigene Abteilung für Investor Relations für überflüssig. In Zeiten schwieriger Kreditvergabe und mangelnder Liquidität ist dies jedoch ein gravierender Fehler, denn letztlich hängt die Zukunft eines Unternehmens entscheidend von Zufriedenheit der Aktionäre und von dem Wohlwollen der Investoren ab.

Auf der Webseite sollte daher ausführlich und erschöpfend über alle Belange der Investor Relations berichtet werden. Dies umfasst nicht nur den Download des Geschäfts- oder der Quartalsberichte, sondern auch ausführliches Datenmaterial über einzelne Unternehmenskennzahlen. Wer glaubt, er müsse die Eigenkapitalrendite oder den Return on Investment nicht in einer speziell aufbereiteten Tabelle zur Verfügung stellen, verärgert Investoren, Anteilseigner, Banken und Analysten. Details entscheiden oft darüber, ob der Bereich Investor Relations ernst genommen wird. Die Experten, die am anderen Ende sitzen, können noch besser als Kunden oder Geschäftspartner beurteilen, ob diese Form der Unternehmenskommunikation professionell ist oder einen dilettantischen Eindruck hinterlässt, da sie viele Vergleichsmöglichkeiten haben. Es muss nicht immer die Live-Übertragung der Hauptversammlung über das Internet oder der Chat mit dem Vorstandsvorsitzenden sein; aber eine zuverlässige Kommunikation ist ein Meilenstein für gelungene Investor Relations. Anfragen von Investoren, Banken oder Geschäftspartnern sollten schnell, zuverlässig und sachkundig beantwortet werden.

Das Networking hat in diesem Bereich eine überragende Bedeutung. Unternehmen, die es versäumen, regelmäßig Kontakt zu

Ihrer Hausbank zu halten, werden in einer Kreditkrise enorme Probleme haben, notwendige Kredite zu beschaffen. Das gesamte Überleben und der Fortbestand eines Unternehmens hängen letztlich davon ab, wie gut die Beziehung zu den Investoren, Banken und Finanziers ist. Sie sollten deshalb auch in guten Zeiten regelmäßig Kontakt zu Ihrer Hausbank halten und für eine gute Atmosphäre sorgen. Bei finanziellen Engpässen gehen Sie rechtzeitig zu Ihrem Kundenberater und schildern Sie ehrlich und ohne Beschönigung mögliche Schwierigkeiten. Je besser das Kreditinstitut informiert ist und je enger und vertrauensvoller der Kontakt ausgebaut wird, desto geringer ist die Gefahr, dass Sie in einer Krise fallen gelassen werden. Versuchen Sie stets, potenzielle Investoren und Geschäftspartner in Ihre Networking-Aktivitäten mit einzubeziehen.

Dasselbe gilt für Anteilseigner und Aktionäre bei Kapitalgesellschaften; als Eigentümer entscheiden diese nämlich über die Zukunft und das Wohlergehen des Unternehmens. Eine unzulängliche Informationspolitik und mangelnde Transparenz können sehr schnell die Shareholder verärgern und in der Hauptversammlung für Überraschungen sorgen.

Definieren Sie im Vorfeld Richtlinien für die Unternehmenskommunikation im Bereich der Investor Relations. Bedenken Sie, dass alle relevanten Informationen an die gesamte Öffentlichkeit weitergegeben werden müssen. Wenn Sie vertraulich einige wichtige Neuigkeiten nur an ausgewählte Politiker oder Journalisten weiterleiten, kann dies beträchtliche Konsequenzen haben, sobald etwas durchsickert. In einigen Ländern ist mit schwerwiegenden juristischen Folgen zu rechnen. Ihre Investoren erwarten zu Recht, dass alle Informationen, die Sie herausgeben, auch allgemein zugänglich sind.

Die Vertrauensbildung und das verantwortungsvolle Networking mit den potenziellen Investoren und Kreditinstituten sind unerlässlich für eine solide Unternehmensfinanzierung.

7.3 Employee Relations und Networking

Viele Unternehmen verfügen zwar über eine größere Public-Relations-Abteilung, aber im Rahmen der Corporate Communications wird die Kommunikation mit Arbeitnehmerinnen und Arbeitnehmern häufig als drittrangig oder unwesentlich angesehen. Die meisten Unternehmen vergessen dabei, dass die „Stakeholder", zu denen neben Mitarbeitern auch Geschäftspartner und Zulieferer zählen, einen entscheidenden Beitrag zur Wertschöpfung des Unternehmens leisten. Wer die Kommunikation mit den Mitarbeitern nicht als eigene Aufgabe ansieht, verkennt, welche Bedeutung einer umfassenden Unternehmenskommunikation zukommt.

Bei den Employee Relations ist es wichtig, dass die Kommunikation gewissen Standards und Richtlinien folgt, die von der Unternehmensphilosophie und den Unternehmenszielen abgeleitet sind. So ist es empfehlenswert, ähnlich wie bei Kunden und in der Öffentlichkeitsarbeit bestimmte Formate, Layouts und Sprachstile festzulegen, die beispielsweise für Bulletins an Mitarbeiter, Intranetforen und andere Instrumente der Unternehmenskommunikation gelten. Dieselbe Sorgfalt, die für die Formulierung und Versendung einer Pressemitteilung aufgewandt wird, sollte auch für interne Nachrichten gelten. Das Spektrum reicht von Einstellungsschreiben, Informationen des Betriebsrats bis zur Kündigung. Ein unternehmenstypischer Stil und ein einheitliches Layout sprechen für eine durchdachte Unternehmenskommunikation. Networking mit Mitarbeitern im Rahmen der Corporate Communications erfordert eine gewisse Transparenz und Verantwortungsbereitschaft.

7.4 Networking und Customer Relations

Die Pflege von Kundenbeziehungen (Customer Relations) im Rahmen des Networking ist sehr wichtig. Insbesondere Freiberufler sind, da sie sich nur eingeschränkt der klassischen Formen des Marketing bedienen können, auf das Empfehlungsmarketing angewiesen. Networking mit dem Kunden bedeutet, dass Sie imstande sind, eine tragfähige und vertrauensvolle Beziehung herzustellen und aufrecht zu erhalten. Es geht dabei nicht vordergründig darum, einen Nutzen zu erzielen und einen Auftrag zu erhalten. Je uneigennütziger Ihre Beziehung zum Kunden ist, desto wahrscheinlicher ist auch, dass Sie einen Vorteil bekommen. Kunden merken sehr schnell, ob man sie nur zu einem Verkauf überreden möchte. Insbesondere penetrante Verkaufsgeschäfte, die die Interessen des Kunden ignorieren und schematisch die Einwände des Klienten zu widerlegen versuchen, stoßen sehr schnell auf deutliche Ablehnung. Kunden spüren sofort, ob man wirklich an ihnen interessiert ist. Daher sollte Ihr Hauptaugenmerk darauf gerichtet sein, eine gute Beziehung herzustellen. Auch wenn der Kunde nicht auf Ihr Angebot reagiert, kann es durchaus sein, dass er Sie weiter empfiehlt oder Ihnen über sein eigenes Netzwerk zu neuen lukrativen Kontakten verhilft, die sich später auszahlen.

Eine neuartige Form des Networking mit Kunden ist das virale Marketing (VM). Das virale Marketing steht im Zusammenhang mit dem Begriff Web 2.0, der ein interaktives, nutzerorientiertes Stadium der Internetentwicklung beschreibt. Beim viralen Marketing geht es darum, Marken, Produkte und Dienstleistungen bekannt zu machen, indem man deren Verbreitung wie einer Virusinfektion massenhaft über soziale Netzwerke organisiert. Marketingtechnisch ist der Begriff „Virus“ eher unglücklich, wenn auch einprägsam gewählt, denn mit ihm sind eher „Krankheit“ und „Bedrohung“ assoziiert. Das virale Marketing beruht letztlich auf Empfehlungen und Mundpropaganda.

Als klassisches Beispiel für virales Marketing wird das Computerspiel „*Moorhuhn*“ genannt, das sich Internetnutzer kostenlos von der Seite des Getränkeherstellers *Johnnie Walker* herunterladen konnten. Ob allerdings das Spiel das Ansehen der Getränkemarke gefördert hat, bleibt offen. Diese Form des Empfehlungsmarketing wird technisch im Internet auf verschiedene Weisen umgesetzt:

- **Empfehlungslinks und -verweise („tell a friend“):** Sie ermöglichen es, interessante Onlineangebote an Freunde und Bekannte als Empfehlung weiterzugeben.

- **Social Bookmarks:** Das sind Lesezeichen, die für besonders interessante Webseiten gesetzt werden können und so die Verlinkung und Verschlagwortung im Internet vergrößern.
- **Nutzung von E-Mails für Empfehlungen.**
- **Verwendung von Blogs:** Weblogs eignen sich besonders für das virale Marketing, da man in einem Sachtext Empfehlungen aussprechen kann. Häufig erscheinen dann Werbeeinblendungen, die sich auf das Thema beziehen.

In der Theorie bezeichnet man das, was der Kunde im Gedächtnis behalten soll – die Marke, die Dienstleistung oder das Produkt – als Meme, die durch virales Marketing vervielfältigt („repliziert") werden. Wenn Sie Ihre Customer Relations durch Networking verbessern wollen, sollten Sie folgende Grundsätze beachten:

- Richten Sie Ihren Fokus nicht auf den Marketingerfolg. Es geht nicht in erster Linie darum, viele Aufträge zu erhalten, sondern Kontakte herzustellen. Kunden sind sehr sensibel und erkennen sofort, ob Sie an ihrer Person oder nur am Geschäft interessiert sind. Ein langfristiger Kontakt kann für Sie hilfreicher und wertvoller sein als ein einmaliger Auftrag.
- Achten Sie auf Ihre Stammkunden – gerade bei ihnen ist ein intensives Networking und eine Festigung der Beziehung unerlässlich. Wenn Sie Ihre Stammkunden verlieren, ist der Niedergang Ihres Unternehmens schon fast besiegelt. Die Stammkunden sind Ihr wertvollstes und kostbarstes Gut. Sorgen Sie dafür, dass sie sich rundum wohl fühlen.

7.5 Networking und Lobbying (Government Relations)

Ein weiterer Teilaspekt der Unternehmenskommunikation ist das Lobbying. Lobbying bedeutet, die Interessen von Unternehmen, Verbänden, Organisationen, Gruppen oder Bürgerrechtsbewegungen politisch geltend zu machen. Häufig wird Lobbying eleganter mit dem Begriff „Government Relations" oder „Public Affairs" umschrieben. Obwohl Lobbying in der Öffentlichkeit ambivalent bewertet wird und durchaus auf kritische Stimmen stößt, hat es Lobbying stets gegeben, und es wäre unrealistisch anzuneh-

men, dass solche Formen der Interessenvertretung an Bedeutung verlieren würden. Unternehmen und Branchen möchten für sie vorteilhafte Vorschriften und Gesetze auf den Weg bringen. Organisationen, die sich für Bürgerrechte, soziale Interessen oder andere Aspekte engagieren, möchten mit ihrer Lobbyarbeit ihr Anliegen stärken. Landwirte möchten mehr Subventionen für ihre Agrarerzeugnisse erhalten. Lobbying ist allgegenwärtig, und viele Interessenverbände haben einen enormen Einfluss auf die Politik.
Ein **Lobbying-Projekt** beginnt immer mit einer Zieldefinition:

- Der erste Schritt besteht darin, eine Bestandsaufnahme zu machen. Welche Forderungen sind für Ihr Unternehmen, Ihre Organisation oder Ihre Interessengruppe von Bedeutung? Ganz gleich, ob es um Klimaschutz, Steuererleichterungen oder den Straßenbau geht: Artikulieren Sie Ihre Interessen.
- Im nächsten Schritt versuchen Sie zu formulieren, welche Gesetze, Vorschriften und Verordnungen dafür erforderlich sind. Ermitteln Sie, wer für die jeweilige Gesetzgebung zuständig ist (Bund, Länder, Gemeinden, EU) und welche rechtlichen Bestimmungen es bereits gibt und wie der Stand der Rechtsprechung ist.
- Etablieren Sie in Ihrem Unternehmen oder Ihrer Organisation eine regelmäßig tagende Projektgruppe, die das Vorhaben weiterführt, systematisch plant, die Umsetzung betreut und den Projektfortschritt dokumentiert.

Danach hat die Projektgruppe die Aufgabe, die Entscheidungsträger festzustellen. Wichtig ist es, gezielt Argumente und Hintergrundmaterial zu sammeln, um das Lobbying zu untermauern. Dafür sind beispielsweise umfangreiche Statistiken, wissenschaftliche Studien, Statements von Experten und internationale Vergleichsuntersuchungen notwendig. Sammeln Sie so viele plausible und eingängige Argumente wie möglich, und präsentieren Sie diese übersichtlich und nachvollziehbar.

Die **Umsetzung des Lobbying-Plans** beinhaltet folgende Schritte:

- Fassen Sie noch einmal die Zielsetzung des gesamten Projekts zusammen und skizzieren Sie die wichtigsten Ziele.
- Legen Sie Ihr Gesamtbudget für das Projekt fest.

- Planen Sie von Vornherein ein Projektcontrolling mit ein, das den Zielerreichungsgrad, die Effizienz und Effektivität und den messbaren Nutzen offen legt.

Denken Sie daran, dass heutzutage ein großer Teil der Gesetzgebungsvorhaben von Brüssel aus gelenkt wird und dass die Europäische Union bei einem Großteil des nationalen Rechts die Rahmenbedingungen absteckt. Ein umfassendes Lobbying-Projekt hat daher fast immer eine europäische Dimension, so dass fundierte Kenntnisse der Entscheidungswege in Brüssel unerlässlich sind. Sie benötigen Mitarbeiter und Experten, die mit allen bürokratischen Abläufen und Strukturen vertraut sind und auch Sprachbarrieren problemlos meistern, wenn es darum geht, Anträge und Formulare in englischer oder französischer Sprache einzureichen.

Es gibt unterschiedliche **Informationsquellen**, die Sie heranziehen sollten:

- Verbände, Interessengruppen, Organisationen
- Nicht-Regierungs-Organisationen (NGOs)
- offizielle Auskunftsstellen
- Wirtschaftskammern, Lieferanten, Geschäftspartner, Banken
- Veröffentlichungen (Zeitungen, Zeitschriften, Tagungsberichte, Parlamentsprotokolle, Pressemitteilungen)

Um den Stand der Gesetzgebung zu erheben, ist es sinnvoll, Publikationen von Parlamenten, Gerichten und Behörden einzusehen und Sitzungsprotokolle abzurufen. In den Ministerien liegen häufig Referentenentwürfe vor, die der Öffentlichkeit vorab zugänglich sind.

Die Europäische Union unterhält spezielle Beratungsdienste, bei denen Sie Förderprogramme und Rechtsvorschriften (Verordnungen, Richtlinien sowie Vorschläge der Europäischen Kommission) abrufen können.

Wichtiges Ziel des Lobbying ist es, die Entscheidungsträger zu überzeugen. Zu den Entscheidungsträgern zählen nicht nur Parlamentarier, Ministerien, Behörden und Beamte, sondern auch Experten und die Öffentlichkeit. Informieren Sie sich, welche Abgeordneten und welche Parlamentsausschüsse sich mit Ihrem Thema befassen. Eine der entscheidendsten Voraussetzungen für ein erfolgreiches Lobbying ist, dass Ihre Hintergrundinformationen stimmen. Unterschätzen Sie daher nie eine gründliche Vorbereitung, die sich auf exakte statistische Daten und Untersuchungen beruft und den aktuellen Stand ermittelt. Im Zweifelsfall sollten Sie renommierte Juristen und Anwaltskanzleien heranziehen, um die genaue Rechtslage zu erheben.

Die Argumentation muss – wie auch bei jeder Marketingkampagne – auf die Zielgruppe abgestimmt sein. Viele Lobbyisten begehen den Fehler, dass sie ihr Anliegen zu einem Sachproblem stilisieren. Weder die Öffentlichkeit noch die Politik sind jedoch wirklich an den Sachproblemen einer Branche oder eines Unternehmens interessiert. Zwar kann ein gravierendes wirtschaftliches Problem enorme Auswirkungen auf die Öffentlichkeit haben, aber um dies deutlich zu machen, müssen Sie einen Bezug herstellen. Eine Lobbying-Kampagne muss daher nicht nur das Problem konkretisieren, sondern auch die Auswirkungen auf die Ansprechpartner aufzeigen: Inwiefern betrifft das Problem die Einstellungen der Wähler? Wie wirkt es sich auf die Chancen einer Wiederwahl eines Abgeordneten aus? Wie beeinflusst es die Wahrnehmung einer politischen Partei?

Übersetzen Sie Ihre Interessenlage in die Denkweise eines Politikers. Je spezifischer Ihr Anliegen ist, desto geringer wird die Resonanz in der Öffentlichkeit sein. Um Erfolg mit Ihrem Lobbying zu haben, müssen Sie das Problem politisch artikulieren: Trägt eine entsprechende Gesetzesinitiative zu mehr sozialer Gerechtigkeit, zum Umweltschutz, zur sozialen Sicherung, zur wirtschaftlichen Erholung oder zu mehr Lebensqualität bei? Versuchen Sie stets, in solch politischen Zusammenhängen zu denken und die Öffentlichkeit mit einzubinden. Wichtig ist auch, dass Sie Ihr Anliegen auf den Punkt bringen und allgemein verständlich erklären. Ihr Projekt wird in der Politik und in der Öffentlichkeit auf wenig Anklang stoßen, wenn Sie komplexe Detailprobleme ausbreiten und dazu Fachbegriffe verwenden, die nur Experten und Insidern geläufig sind. Ihr Problem sollte so klar formuliert sein, dass es auch ein Laie sofort begreifen kann.

Ein professionelles Lobbying setzt voraus, dass ein Unternehmen oder eine Organisation über eigene Lobbyisten verfügt. Deren Aufgabe ist es, die politischen Entwicklungen ständig zu beobachten und zu dokumentieren. Sie müssen neue Strategien entwickeln und die Interessen des Unternehmens oder der Organisation vertreten.

Viele Lobbyisten sind aktive oder ehemalige Politiker; es ist aber auch möglich, eine Lobbying-Agentur zu beauftragen. In der Regel sollten professionelle Lobbyisten über diplomatisches Geschick und eine mehrjährige Berufserfahrung verfügen. Auch fließende Sprachkenntnisse und Erfahrung im Umgang mit Behörden sind unabdingbar. Diese Verfahrensweise ist häufig in der Öffentlichkeitsarbeit anzutreffen, deshalb firmieren viele Lobbying-Agenturen als PR-Agenturen.

Beim Networking ist es wichtig, in diesem Bereich einige **spezielle Regeln** zu beachten:

- Auch wenn in der Öffentlichkeit der Bereich Verwaltung und Politik mit Vorbehalten beurteilt wird, sollten Sie unvoreingenommen an die Sache herangehen. Der Politiker oder Beamte ist für Sie letztlich ein Kunde, dem Sie ein Anliegen vermitteln wollen.
- Versuchen Sie, sich stets in die Lage des Betreffenden zu versetzen. Jeder Politiker strebt in der Regel eine Wiederwahl an. Diese hängt letztlich von einer Vielzahl von Faktoren ab; deshalb muss der einzelne Politiker auf die Interessen der Wähler und auf die seiner Partei Rücksicht nehmen. Der Fraktionszwang und die allgemeine Tendenz in einer Partei lassen es meist nicht zu, dass ein Abgeordneter Sonderinteressen vertritt. Lobbying muss daher immer breit angelegt sein, um Wirkung zu erzielen.
- Halten Sie regelmäßig Kontakt, und informieren Sie den Abgeordneten über die neuesten Entwicklungen in Ihrem Fall.
- Der Europäische Public-Relations-Verband hat den „Code of Athens“ verabschiedet, um die Lobbying-Arbeit ethisch zu fundieren. Denken Sie daran, dass Lobbying stets solche ethischen Grundsätze beachten sollte. Wenn ein Bericht im *„Spiegel“* oder im *„Focus“* Ihrem Ansehen ernsthaften Schaden zufügen kann, ist Ihr Lobbying-Projekt ungeeignet.

Beim Lobbying ist ein diplomatisches und behutsames Networking die wichtigste Voraussetzung für den Erfolg. Achten Sie darauf, dass Sie stets die Interessen des anderen mit einbeziehen und dessen Sprache sprechen. Die Zielgruppenorientierung ist in diesem Bereich des Kontakteknüpfens von höchster Bedeutung.

Wichtige Adressen für Lobbyisten:

Bundesrat	www.bundesrat.de
Bundestag	www.bundestag.de
Bundesverband der Deutschen Industrie	www.bdi-online.de
Deutscher Städtetag	www.staedtetag.de
Gesellschaft Public Relations Agenturen (GPRA)	www.gpra.de
Europäische Kommission	europa.eu.int/comm/index_de.htm
Europäisches Parlament	www.europarl.eu.int/home/default.-de.htm

Zum Schluss

Wie Sie erkannt haben, umfasst Networking viele Facetten, und es wäre schade, wenn Sie die vielfältigen Chancen nicht nutzen würden. Fangen Sie gleich an, neue Kontakte zu knüpfen. Je mehr Menschen Sie kennen lernen, desto größer ist auch Ihre Möglichkeit, ein glückliches und erfolgreiches Leben zu führen.

Networking können Sie in allen Bereich anwenden – gleichviel, ob Sie eine Beziehung suchen, beruflich vorankommen oder sich einem Verein oder einer Partei anschließen möchten. Nutzen Sie auch internationale Kontakte; denn mit dem Internet haben Sie ein mächtiges Instrument, das es Ihnen gestattet, überall auf dem Globus Freundschaften zu schließen und neue Menschen kennen zu lernen.

Seien Sie offen; denn Sie werden schnell erkennen, Sie können viel von anderen lernen und neue Eindrücke sammeln. Ihr Leben wird reicher und glücklicher, wenn Sie sich für andere öffnen. Ich wünsche Ihnen viel Erfolg.

Literatur

Ferrazzi, Keith; Raz, Tahl: Geh nie alleine essen! Und andere Geheimnisse um Networking und Erfolg. Kulmbach: Börsenmedien, 2007.
Fey, Gudrun: Kontakte knüpfen und beruflich nutzen. 4. Aufl. Regensburg, Berlin: Walhalla, 2007.
Gitomer, Jeffrey: Das kleine schwarze Buch für Ihre guten Kontakte. Wie Ihre Kontakte wertvoll werden. München: Finanzbuchverlag, 2008.
Hauser, Jürgen: Networking für Verkäufer. Wiesbaden: Gabler, 2008.
Heuberger, Andreas: Networking – durch interessante Kontakte zum Erfolg. Berlin: Cornelsen, 2007.
Hofert, Svenja: Networking für Berater, Trainer, Coachs. Offenbach: GABAL-Verlag, 2007.
Lamprecht, Stephan: XING – Networking im Internet. Hannover: Heise, 2008.
Lasko, Wolf: Small Talk und Karriere. Wiesbaden: Gabler, 2002.
Lutz, Andreas: Praxisbuch Networking. Einfach gute Beziehungen aufbauen. Wien: Linde Verlag, 2005.
Merkle, Hans: Lobbying. Das Praxishandbuch für Unternehmen. Darmstadt: Primus Verlag, 2003.
Rudolph, Ulrike: Karrierefaktor Networking. Freiburg i. Br.: Haufe, 2004.
Scheler, Uwe: Erfolgsfaktor Networking. München, Zürich: Piper, 2003.
Zehmisch, Monika: Cleveres Business Networking mit Xing. Düsseldorf: Data Becker, 2008.

Sachverzeichnis